麦肯锡
思维与工作法

北野健一 / 著

M

中国出版集团
现代出版社

图书在版编目(CIP)数据

麦肯锡思维与工作法 / 北野健一著. —北京：现代出版社，2017.6

ISBN 978-7-5143-5915-2

Ⅰ. ①麦…　Ⅱ. ①北…　Ⅲ. ①思维方法－通俗读物②工作方法－通俗读物　Ⅳ. ①B804-49②B026-49

中国版本图书馆CIP数据核字(2017)第075066号

麦肯锡思维与工作法

作　　者	北野健一
责任编辑	魏　巍
出版发行	现代出版社
通信地址	北京市安定门外安华里504号
邮政编码	100011
电　　话	010-64267325　64245264（传真）
网　　址	www.1980xd.com
电子邮箱	xiandai@vip.sina.com
印　　刷	三河市南阳印刷有限公司
开　　本	710mm × 1000mm　1/16
印　　张	18
版　　次	2017年7月第1版　2017年7月第1次印刷
书　　号	ISBN 978-7-5143-5915-2
定　　价	39.80元

PREFACE 前言

在世界著名企业名单中，有这样一个特殊的企业，它的特殊性在于只生产一种特殊的产品，这种产品一无实际形态，二无恒定价值，三无预期效益，但依靠这种产品，这家企业却可以独步商业世界，并赢得无数企业和管理者的信赖。

这家企业就是著名的麦肯锡商业咨询公司，而它生产的唯一的产品就是主意。通俗来说，麦肯锡是一家专门为商业企业和管理者出主意的公司，类似于战场上的军师或官府的师爷。它本身不从事商业活动，只服务于那些从事商业活动的企业和个人，为其规划蓝图、解决问题、指点迷津，帮助其在商业世界上获得成功。

麦肯锡公司成立于 1926 年，在不到一百年的经营历史中，它已经为全世界数千家企业提供了智力支持，如百事可乐、通用汽车、耐克体育用品、索尼集团等企业更是将麦肯锡视为合作伙伴，与麦肯锡共同成长。

以智力支持为主要产品的麦肯锡，汇集了大量的商业精英，这些商业精英来自不同行业和领域，能将不同领域的商业精英统一在一个理念之下，麦肯锡靠的是它所独有的思维方式。这种思维方式，就是商业领域非常著名的麦肯锡思维。

麦肯锡思维并不是针对某一个实际问题所提出的解决方案，而是一整套对于商业问题的思考方式。这个思维体系，可以帮助人完成从搜集材料、分析问题到解决问题的一系列工作。

麦肯锡这一整套的思维方式，对于解决商业问题是非常关键的，它能够保证你避免被固化思维束缚，从而让思路回到正确的轨道上。

读者应该了解，在营销史上有一条著名的“女裤理论”，它源自沃尔玛商场一次工作失误，将女裤的价格标错，但却没想到引爆了销量。“女裤理论”简单来说就是一个以牺牲利润获得总销量，从而提升总体利润的营销法则。

“女裤理论”自然有其实践性的检验，但假如你就职于一家企业，面对销售业绩不理想的情况，你会不会贸然选择尝试“女裤理论”呢?

2010 年，一家主营日化的日本公司，在面对市场萎缩的情况下，就采用了“女裤理论”，该公司大幅下调品牌产品价格，在六个月内果然获得了销量的大幅提升。然而，就在该公司进行价格下调初期，与该公司合作的麦肯锡顾问团队就提出异议，认为单一的价格下调会给公司造成极大的隐患。

果不其然，在销量短暂的上升之后，该公司半年之后却面临断崖式的销量下跌。不但丢掉了增加的市场份额，还失去了原本稳固的市场份额，最终该品牌完全退居二线。

这个商业案例证明了麦肯锡顾问的能力，那么，麦肯锡顾问是如何得出结论的呢?

麦肯锡顾问根据市场调查，认为日化产品销量下滑并非该公司所特有的问题，而是整个行业的问题。而对这个问题进行充分研究之后，麦肯锡顾问得出结论，市场总需求量的减少，是源于日本及东亚经济形势低迷，从而削减了顾客的购买力。在这种情况下，降低售价并不能提升销量，反而可能丧失品牌在忠诚消费者心目中的形象，从而降低品牌的固有市场份额。

一般企业想的是眼前问题，麦肯锡顾问却能够想到未来的情况。这并不是简单的推理和预判，而是建立在麦肯锡思维基础上对商业问题进行深入的思考。这也就是麦肯锡顾问能够获得世界级企业信赖的关键，因为麦肯锡思维就是最有价值的商业思维。

同样的问题，一般人看到的是表象，麦肯锡顾问却能够看到本质；同样的观点，普通人把它说得云里雾里，麦肯锡顾问却能够阐述得明明白白；同样的问题，普通人能够想到解决办法却没有办法说服他人，麦肯锡顾问不但能够推导出解决的方法，还能够让别人接受他们的意见。决定这些不同的，都是麦肯锡顾问独有的思维方式。

而本书的写作目的就是将麦肯锡精英在长期处理商业问题过程中积累下的案例呈现给读者，并以这些案例为出发点，为读者深入剖析麦肯锡独有的思维方式。

在这本书中，笔者将麦肯锡思维分为九个环节，以层层递进的模式，向读者阐释麦肯锡思维，并帮助读者获得麦肯锡思维的精髓，让读者离商业精英更近一步。

CONTENTS
目录

第一章 发现问题是解决问题的关键

商业咨询的工作核心是发现问题并解决它

在日本企业管理界，除了有松下幸之助这样的“实战派”，还有大前研一这样的学院派。作为麦肯锡咨询公司最杰出的代表，大前研一在日本战略与管理咨询领域打拼多年，获得过无数荣誉，被日本企业界人士尊称为“日本战略之父”。

在任麦肯锡咨询公司日本分社社长时，大前研一总结出一套行之有效的商业咨询理论这套理论的核心就是对问题的分析和解决，大前研一正是靠着这一套理论，独步于日本企业界。

大前研一有很多开创性的见解，例如：他认为在帮助客户解决问题之前，要先帮助用户发现问题。

一个负责任的医生，是会根据病人的自我诊断为其治疗，还是先对病人做出诊断然后再进行治疗呢？当企业找到咨询顾问的时候，企业往往会先入为主地指出自身存在的问题，但这些问题是否是客观的，是否仅仅停留在表面，则需要咨询顾问进行更精准的分析。

企业对于问题的描述很多时候会很肤浅很空洞，这对于咨询工作是没有帮助的。咨询者要做的就是观察、搜集、听取、归纳、总结，对问题形成一个整体性的轮廓，然后对问题进行分析和思考，最终洞悉问题的本质。

所谓洞悉本质，就是分析问题真正的原因所在，并指出正确的解决方法，进而解决问题。例如：有人说自己的问题是“没钱”，对此你能够给出的建议也就只能是泛泛地“去赚钱”。这就是没有洞悉问题的本质，进而没有办法给出可行的解决方案。

大前研一曾举过一个著名的案例：2004年，日化品牌嘉娜宝拒绝日本花王公司的收购，接受来自外部的投资进行改造。

大前研一在分析时认为，嘉娜宝的选择是错误的，导致整个错误的根源就是嘉娜宝公司没有意识到真正的问题是什么。

当时，嘉娜宝内部有一个报告指出公司的问题在于经营能力的降低，因而选择引入资本以扩大经营能力，但这反而导致了经营成本的上升，最终导致了失败。而根据大前研一的分析，嘉娜宝所谓的问题根本不在于此。在一篇分析文章中，大前研一这样写道：

> 首先来看一看当时日本化妆品产业内部的发展趋势。在当时，外资化妆品公司正在逐渐增加对日本市场的投入力度，日本市场被它们抢占之后，日本本土化妆品企业的市场占有率急速萎缩。不像那些保守的中年人，日本的年轻人对待外国品牌的态度是来者不拒，他们很喜欢外资系的化妆品，只要走进百货公司，就会看到倩碧、雅诗兰黛、MAC、欧莱雅等各式外国彩妆专柜比邻而列，而嘉娜宝、资生堂给人的感觉却是最好安静地放在乡下的化妆店里，毫无气势。因此，从业界的动向来看，外资化妆品可以说成长显著。
>
> 对当时的嘉娜宝而言，最重要的不是和老对手资生堂之间的竞争，而是赶快渗透到年轻人当中去，与外国品牌争抢市场。事实上，嘉娜宝

就是因为快速流失了最肯为化妆品埋单的年轻人群体，失去了盈利市场，才会无法创造整体的利润。

那么，在实际的改造作业中，嘉娜宝采取了什么解决方案呢？当时，受到中国厂商的冲击，嘉娜宝纤维市场及其他业务都不赚钱，因此在大家一致认定“要想赚钱，只有靠化妆品”的情形下，嘉娜宝从其他部门调来人手投入化妆品部门，试图强化营业能力。但是人手增加了，营业额却未如预期向上提升，反而因为人力成本的增加使营业利润大幅度下降。

换句话说，嘉娜宝失败的原因，是因为做了靠增加人手强化营业能力的错误选择。其实他们只要看看业界的动向，就知道以人海战术和资生堂争夺市场是没有意义的，而应该设法降低人力成本，然而嘉娜宝却反其道而行，最终只会栽一个跟头。其实，如果早一点发现问题的根本，嘉娜宝应该实行的对策是研发年轻人能够接受的产品，在业界对策上下功夫。

“发现问题”是解决问题的前提，明显的是嘉娜宝并没有真的“发现问题”，所以他们的解决方案就与实际“背道而驰”。

苦苦思索一个问题的答案，但得到的答案却始终不令自己满意，为此你苦恼不已，但却从没有想过，你设定的问题根本就是错误的。解决这个问题，归根结底还要落在思维方式上。

麦肯锡精英思维最值得学习的一点，就是要对问题问一个“为什么”，尤其是在你认定某个问题是我们最根本的问题时，更应该向自己问一句“为什么”。

如果你是一个快要进入大学的男生，想要获得一款苹果手表作为入学礼物，那么你应该首先问自己，你为什么需要这样一个手表？对于这个问题，你也许会回答，因为你希望在入学的时候引起别人的注意。那么，你为什么要引起别人的注意呢？你也许会回答，你希望在大学拥有一个女朋友。

那么问题的逻辑就是：你需要的不是苹果手表，也不是引人注意，你需要的是获得你喜欢的女孩儿的青睐。那么，你应该解决的问题是让自己更有魅力，而不是找你父母要钱去买一款昂贵的手表。

人为了解决一些诉求会选取多种行为，有些行为能够取得想要的效果，有些则完全不起作用。导致区别的关键在于这些行为与诉求是否能够联系在一起。你需要知道自己为什么要做某件事，做这件事能否彻底解决问题。可能你做某件事是没有理由的，这种行为是没有错的，但你也不能期待没有理由的事会带给你一个成功的结果。

你在上班的时候趁老板不在玩游戏，你玩游戏可能只是为了有趣，站在你老板之外的角度，没有人能够谴责你。但是，你不会指望玩游戏的行为为你换来工资。因为你的工资来自工作，如果将工资定义为你的诉求，那么玩游戏对于解决这个诉求来说显然是不合理的，那么，你为什么玩游戏呢？

就像一个人因为感情受挫而失眠，你不能一棍把他打晕，因为等他醒过来，失眠的问题根源——感情问题，仍然没有得到解决。

头疼医头，脚痛医脚，这是庸医的做法，一个拥有缜密商业思维的人，需要有一套更好的“医疗手段”，这个“医疗手段”的前提就是在思考的基础上真正“发现问题”。

让思维像树枝一样伸展开去

麦肯锡顾问有一种深入的思维，即在考虑问题的时候不会只停留在表面，而能够像水一样渗透到问题的深处。

是解决问题的方法重要，还是问题本身重要呢？从单一的角度讲，前者似乎更重要，但从个人思维的形成角度说，问题本身更重要，因为它会启发你的思维，锻炼你的思考能力。

某个问题的答案并不能推动思维的发展，真正能推动思维发展的是问题。在麦肯锡团队里有一句话："一个不懂得提问的人，绝不会是一个优秀的商业精英。"

作为全世界口碑最好的咨询团队，麦肯锡在锻炼咨询师的素质时，十分重视塑造他们整体的思维体系，而并非解答单一问题的能力，因而对于麦肯锡精英们来说，提问的能力反而是更加重要的。

对于如何提出问题，大多数读者做得都不够好，你们提出的问题都不足以刺激大脑思考，而是反映了你们大脑充满了惰性。当你们在提问时，解答的方式往往需要一个直接通往目的地的答案，而并非整个思考的过程。

有些读者会提出这样的问题：企业是否需要缩减成本以应对即将到来的

金融危机，这样的问题无论回答是“是”还是“否”，都不会启发你的思维，也不会有助于你的思考。

真正有助于人们思考的问题是：企业通过采取保守的财务政策以确保削减财务风险，这对于应对金融危机会有哪些帮助？这样的问题需要你认真去思考，并应用自己的知识去探寻问题的答案，在这个过程中，你的大脑要不断地与问题发生碰撞，这对你无疑是一种锻炼。

很多人在发现问题或提出问题的时候，喜欢采取前者的方式而非后者，这反映的是一种思维的惰性。不想去费心思考一些更深入的问题，对所有事物的认识都只停留在表象的阶段而不能深入。

你应该如何做才能够更深入地发现问题呢？麦肯锡精英会选择将问题细分，这里有一种逻辑树的思维模式，它将问题剖分成一个个更小的问题，一步步解剖下去，最终寻找到现实中正面对的细小问题。

Acme Widgets 是以经营日用产品为主的上市公司，麦肯锡咨询顾问曾对该企业进行过一次分析，在分析的过程中，麦肯锡团队是如此将问题细化的。

假设 Acme Widgets 董事会向你咨询“如何增加盈利”这一基本商业问题，你的思维体系首先闪现的问题是：“你的盈利来自何处？”董事会的回答是：“来自我们的三个核心部门：装饰物、垫圈和毛垫。”

你觉得“这个问题的逻辑树有第一层了”。接下来，你可以对每种产品的盈利进行细分，通常分为“收入”和“支出”两项，这样就得到了逻辑树的第二层。如此下去，最后就绘制出 Acme 装饰品公司商业系统图表。

你在绘制逻辑树时，还要注意到，一个问题也许可用几种方式进行分解，不同的选择会影响看问题的角度，也会影响整个团队在某些关键问题上的认识。仍以 Acme 装饰品公司为例，绘制逻辑树时，你可能不是从公司的组织结构出发（即按产品部门绘制），而是从公司的职能角度出发（研发、实施、生产、销售、市场等），按照这样的角度，你的团队也可以得到其他有价值的结论。但无论选取怎样的角度，逻辑树务必要考虑周全，避免模糊。

细致而全面的逻辑树会让问题得到充分展开，最终帮助你对问题深入挖掘下去。如果不这样去做，你很难知道现象与实际问题之间存在的千丝万缕的联系，也不知道该去牵动哪一根线才能把问题彻底解决。

读者需要明白一个道理，这个星球上一切的问题，最终都可以被归纳为三种类型：

第一种是基于事实的问题。比如，客户满意程度是否降低了？盈利能力是否下降了？人类是灵长类动物吗？这类问题只会有一个正确答案，不过，获得正确答案对你的帮助并不大。

第二种是基于判断的问题。比如，客户满意度为什么会降低？盈利能力为什么会下降？人类为什么是灵长类动物？这类问题需要一整套逻辑体系才能得到解答，而解答这类问题对你有很大的帮助。

第三种是基于偏好的问题。比如，你喜欢企业拥有何种情怀？你希望企业的办公地点是怎样的？你是否喜欢观看夜空？你是否愿意食用其他灵长类动物的肉？这类问题的答案是不统一的，它们更多来自人们的主观偏好。这类问题会影响你对前两类问题的正确判断。

画一条严密的逻辑树，需要从第一类问题开始，按照第二类问题展开，同时规避第三类问题的影响。

简单来说，逻辑树就是通过对现实情况的简化，利用线性逻辑思维帮你澄清复杂的问题，让问题从无序走向有序。这对于逻辑树的重要意义，曾就职于麦肯锡团队的吉夫·萨库茨这样描述：

以结构框架为导向的方法，其实就是在考虑一个问题，即如何组织这个问题。每一种结构框架，最终都是我们使用的简简单单的 2×2 矩阵，都是在尝试着将问题分解成为由三个、四个或者五个球形、方形、三角形组成的集合。不管它是什么，只要能将复杂的问题简单化就行。在这方面，麦肯锡精英可谓是得心应手。

从这个角度讲，逻辑树可以被看作一个从发现问题到解决问题的结构框架，它帮助人们归纳出所有的问题，并提出对应的解决方案。不过，作为从事咨询工作的人，读者必须要明白，你在用逻辑树帮他人分析和解决问题的时候，也要考虑你解决问题的对象，从而进行因人而异的阐述。

比尔·鲁斯曾就职于麦肯锡公司，后来他进入了通用电气公司工作，在通用工作的时候，他经常使用逻辑树来思考问题，在这个过程中，鲁斯有很多令自己得到启发的发现。鲁斯这样说道：

> 我发现，尽管结构框架在麦肯锡公司大行其道，但离开麦肯锡后，你务必要慎用。因为许多人在看到结构框架后，会不由自主地产生抵触情绪。在麦肯锡，我们经常听到："哦，你这是把别人用过的方法用在我这里，可我的问题跟他们不同啊！"我们知道，事实并非如此。我们只不过是在努力开启思路，系统地罗列出关键问题，以及如何表述这些问题。在介绍框架结构时，一定要慎重，因为它可能包含着负面的含义，特别是如果过度使用，很可能产生负面效果。因此，不要总用陈旧的框架结构，而是要根据框架结构的概念不断创新，这样才有助于解决问题。

读者已经了解到，每个人都有专属于个人的思维模式，所以在使用逻辑树分析问题的时候不能受主观的影响，而要考虑使用他人能够接受的词汇、逻辑划分、逻辑线索等，以确保信息能够准确地传达。

总而言之，作为一种深入思考问题的工具，逻辑树在麦肯锡团队日常的工作中有着非常重要的作用，学习并掌握这种工具，无论对从事咨询工作的人还是普通人，都有非同寻常的意义。

“橡皮泥思维”，和问题一起变化

一个商业精英的思维模式绝对不能是固定不变的，他应该有一种“橡皮泥思维”的能力，即让思维模式变化起来，这主要是为了应对不断变化的复杂问题。

所谓“橡皮泥思维”，就是让思维方式充满灵活性、可塑性，商业精英的思维不应该像烘焙过的黏土一样固定在某个形态下，而是要根据情况的不同进行转变，就像“橡皮泥”一样，可以任意改变它的形状。

咨询工作一个重要的特点是：问题总是在不断变化的，问题总是会以不同的形态出现在你的面前，因此思维要根据问题变化而变化。

当一个问题出现在你的面前时，你想用某种方法解决，但当你真的着手去解决的时候却可能发现，它并不像你想象的那个样子，或者它变成了另一种样子。这样说有些读者可能就理解不了了，所以这里用一个例子来假设一下。

病人来到医生的诊室，他感觉非常难受，头疼、耳鸣、流鼻涕，他认为自己是发烧了。在诊室里，他向医生描述了自己的症状，他的描述让医生都觉得他确实发烧了，于是医生便按照发烧的方案对病人进行诊治。

这个病例中的医生是不会存在于现实中的，因为他的表现很难说是一个专业人士。专业的医生会将病人的症状作为表征，然后根据表征来对病人进行诊断，而不是将病人的描述视为真的病症。

医生要想了解病症，需要翻开病人的病历，问一些更深入的问题，然后做一些有必要的检查，最终根据科学的诊断过程做出病情的合理判断。这位病人也许是发烧，也许是感染了某种疾病，还可能得了什么更厉害的病，而这些都不是一个病人能够知晓的。

就跟医学问题一样，商业问题的解决是有机而复杂的。商业问题的复杂性在于，问题的发现者并不能准确地描述出问题真实的模样；有机性在于，根据商业思维的推测，分析者能够根据各种证据最终寻找到问题所在。

在具体的咨询工作中，麦肯锡人都明白这个事实，前来咨询的客户对于他们本身的问题并没有一个准确的描述。如果咨询团队仅仅是依照着客户对于问题的描述去寻找解决的方法，那结果一定会南辕北辙。

这里有一个例子：

一个麦肯锡顾问团队被邀请进入一家制造企业进行咨询工作，该企业的咨询目标是：分析当前一家子公司的盈利能力和企业的扩张机会。麦肯锡团队按照企业认为正确的思路进行研究，用了一周的宝贵时间也没有得出什么有价值的结论。

之后，团队的领导者决定改变方向，抛弃企业既定的方向，转而对企业进行重新分析。又经过一星期的资料收集和现状分析，麦肯锡团队意识到，这个子公司需要的不是扩张而是关闭。

团队的思路被企业一开始提出的方向给误导了，这让麦肯锡团队白白浪费了一个星期的宝贵时间。

发现问题的唯一方法就是更深入地去挖掘，因此你可以看到，凡是麦肯锡团队进驻之后，第一件事一定是到处收集资料，到处记录事实，到处找人问问题。这样用不了多久，麦肯锡团队就能搞清楚自己走的方向到底对不对。

对于真实问题必须加以辨识，不过大多时候，问题不会停留在那里等待你辨认它，在你对它的本质进行研究的时候，问题往往又会变成另外一番模样。

问题存不存在"一刀切"的解决方法。当医生面对十个将自己描述为发烧的病患时，他发现前九个都真的只是发烧，是否意味着他对第十个也可以简单地以发烧来治疗？答案是不可以。更进一步地说，即便十个病人全部是发烧，但医生依然需要根据病人的实际情况做一些更有针对性的诊治。

从事咨询的人都明白，商业领域的很多问题都有共通之处，如一家企业的客户满意度低可能是因为服务人员的素质问题，另一家的客户满意度低可能是同样的问题所致，但这并不意味着相似的问题就一定有类似的解决办法，对问题的解决，你需要以事实为解决问题的依据，并到实践中去检验你对问题的假设。

麦肯锡团队内部有一些属于自己的解决问题的工具，这些工具由一些分析手段组成，例如：增值分析、商业流程再造、产品—市场分析矩阵等。这些分析工具具有巨大的现实作用，它们让麦肯锡的顾问们能够在很短的时间内将原始资料整理到一个框架之中，并分析出问题的本质。

正因为如此，一些对麦肯锡持否定态度的人批评麦肯锡说："他们是把自己的解决方法建立在了最现代的管理时尚之上。"然而，如果麦肯锡真的是这样一劳永逸的话，那么他们恐怕就不会这样受人尊敬了。

麦肯锡公司具有很多实用的分析工具，它们可以帮助麦肯锡顾问们完成工作，但工作的核心部分——以事实为基础的问题分析，仍然需要艰苦的论证过程。

一位前麦肯锡资深项目经理杰森这样说道："人们以为麦肯锡公司（还有普遍意义上的管理咨询）有现成的答案。这确实不是麦肯锡的情况；如果是，那么这家公司就不会取得如此的成功。"

从一个问题到另一个问题，麦肯锡精英们所使用的分析工具或许是没有差别的，但必须根据实际情况对工具进行选择，这可就不是一般人能够做到的了。

一位麦肯锡精英这样描述自己的工作：在做价格咨询的时候，大多数有关于定价问题的答案都会被证明"提高你的价格"。因为如果进行足够次数以事实为基础的分析——什么需求曲线、盈亏平衡计算、预算，咨询顾问总会发现，大多数公司几乎都无可避免地应该提高自己的价格。

面对同样的问题时，如果咨询顾问只是机械地说这个答案，那么他早晚会让麻烦把自己包围，因为有些时候，同样的问题在经过分析之后，得出的答案却很可能正好相反。

读者一定要铭记，商业问题不是一成不变的，为了避免因为惯性思维而导致的灾难，你在解决问题的时候，不要因为拥有了理论工具就对所有问题进行一刀切。就像同样是面对发烧的症状，医生也不可能让十位患者全回家吃退烧药，尽管这其中有九位需要这样的治疗，但哪怕对一位患者误诊，这个后果也是极其严重的。

思维剥洋葱，对问题先分解再解决

分析问题考验的是一个人的思考能力，解决问题考验的则是将这种思考能力扩散到行动当中的能力。

商业世界中的问题很难一蹴而就地解决，要将问题妥善处理，读者需要制订一个具有清晰路线的深入计划，以确保行动能够直接达到目标。

一个由金融精英和管理精英组成的麦肯锡顾问团队曾经为一家金融企业做业务转型的咨询服务，经过详细的调研和分析，团队发现这家企业所面临的主要转型问题是：企业高风险的投资项目过多，虽然高风险伴随着高利润，但仍然会给人造成一种“赌博投资”的印象；这家企业面临的另一个问题是投资人所投资的领域以单一能源为主，这很容易受到市场环境的影响，当能源市场不景气时，该企业的投资顾问没有更多的选择为客户降低风险，进行资金的保值。

问题找到了，那么接下来是否就可以直接把问题彻底解决呢？这是不可以的。企业转型是一个很复杂的过程，企业形象在客户心中的扭转也绝非一朝一夕就可以完成的。如果贸然进行大刀阔斧的全面改革，企业必须要承担丧失现有客户的风险，去为未来加注，这无疑是非常冒险的做法。

在通过思考判断出问题的实质之后，对于如何解答问题，读者一样需要遵循有完善线索的方式，这种方式必须要能够将问题分解开来，分析初始问题与初始行动、中间问题与中间行动、终极问题与终极行动。简而言之，就是将问题步骤化、阶段化。

步骤化、阶段化这是商业思维下解答问题的必要手段。就如同我们要达到十米之外的一个地方，步骤化问题就是将十米分割为十个一米，阶段性地去完成每个一米。这种步骤化的解决问题方式是由西班牙探险家庞斯·德·莱昂发明的，此后被推广到很多领域。

曾经，莱昂为了寻找传说中的不老泉，从秘鲁出发，走过土耳其岛、圣·萨瓦多岛，探索了很多人迹罕至的地方。虽然庞斯最终也没有找到不老泉，但是他成为第一个踏入这片土地的人，这片土地被他命名为“Pascua Florida”，也就是今天的佛罗里达。

有一次，莱昂需要经过一片森林，那是一片原始的森林，因此进去没多久，莱昂和他的团队成员就在茂密的森林中迷失了方向。此时，莱昂没有任何可以辨别方向的设备，为了找到出路，他想出了一个方法。他让其他人从树上折下了一些树枝，然后将这些树枝按直线摆在了地上。之后，团队中的每个人轮流将最后面的树枝拿在手上放到树枝铺成的直线最前面。因为树枝是笔直的，这就避免了他们因为方向错误而绕圈子，就这样，虽然前进缓慢，但他们沿着这些树枝的直线最终找到了出路。

这种树枝前进法的启示是：当有了一个特定的终极目标之后，要想完成这个目标，就需要从小处着手，一步一步来实现那些看起来大到不可能完成的目标。

读者可以自我反省一下，是不是喜欢接受短期的、具体的事务，而对于那些长期的、模糊的事务选择无视或逃避。这是因为，即便了解问题的解决方向，如果因为时间漫长，让人看不到曙光，就会容易产生懈怠情绪，所以漫长的计划实施起来就很困难。

将问题彻底解决，这种目标是很长远的，要想完成的话就必须付出更多的努力。所以，当你需要实现一个长远的计划或者目标的时候，应该具备一些逐步逼近的思维，这种思维能帮助你把那个长远的大目标细分为多个短期的小目标。

把大目标划分成小目标就像减肥一样，如果让你从一百一十千克一下子减到七十五千克，你会觉得这是一个非常艰难的任务，会感到很大的压力。但是如果你将这个任务按阶段划分，一开始只给自己做减两千克的任务，那你就不会觉得减肥是那么难的事情了。当你完成减两千克的任务之后，再实现下一个减两千克的任务，长期坚持下去，减掉三十五千克的重量就不是那么艰难的事情了。

这里需要注意一个问题，如果采用“逐步逼近思维法”来完成目标，你要将自己的每一个小目标控制在一个能预见和能够操纵的范围内，这样你才能清晰明了地解决每个问题，而且你最好保证上一个小目标是下一个小目标的前提，下一个小目标升华为上一个小目标的结果，当你将自己的小目标一个个实现了之后，你的大目标实现起来就变得水到渠成了。

完成自己的目标就像爬楼梯一样，你需要一步一个台阶，脚踏实地地前进。每踏上一个台阶，你就离目标更近了一些，就会体验到“成功的喜悦”，这种喜悦的感觉将成为你下一步行动的动力，帮助你更好地完成目标。

有一些人，他们能够找到问题的所在，但却不能完成对问题的解决，喜欢在过程中半途而废。这些人之所以失败，并不是因为要完成的事情难度大，而是因为自己认为距离成功很遥远。他们并不是因为失败而放弃，而是因为目标太大，自己也感觉迷茫，所以时常倦怠，最终导致不能完成自己的目标。如果懂得分解自己的目标，也许他们就变成成功者了。

“逐步逼近思维法”是解决问题最有效实现目标的方法，但是，如何将目标分解，还要因人而异。对于不同的人来说，目标分解有不同的方法，下面我们来介绍两种比较常见的方法。

剥洋葱法

像剥洋葱一样，先将你想要完成的大目标分解成若干个小目标，再将每个小目标分解成若干个更小的目标，一直分解下去，直到你清楚地知道当下你该怎么做。

多杈树法

用树干代表大目标，直接连着树干的树枝代表小目标，树枝上长出的小枝代表更小的目标，而树枝上的叶子则代表即时的目标，也就是你现在要去做的事情。完成小目标是完成大目标的必要条件，而大目标则是完成小目标的结果，能够把每个小目标实现，那你就一定能够实现自己的大目标，大目标就是小目标的和。

下面再来介绍一下如何画出多杈树法的步骤：

第一步，写下一个你的大目标；

第二步，写出所有实现这个大目标的必要条件，这些条件就是小目标，也就是第一层树杈；

第三步，写出实现每个小目标的必要条件，变成第二层树杈；

第四步，画出所有的树叶，也就是你的即时目标，多杈树的分解图也就基本完成了；

第五步，从头到尾检查，看有没有需要补充的地方。

通过多杈树法分解之后，读者便可以清晰地得到一条解决问题的思维路线，按照这条路线走下去，每一步只解决一个现实问题，最终便可以帮你将问题彻底解决。

二八法则与四象限法则

如果所有的问题都能够按照一条完整的逻辑线开展下去，并一步一步地解决掉，那无疑是人们最愿意看到的。但是，很多时候，问题解决的逻辑会被现实冲击得支离破碎，此时，为问题制定出优先级就显得至关重要了。

美国最知名的金融企业康赛克（Conseco）公司与麦肯锡是长期合作伙伴，它的主营业务是为客户提供多种金融业务。有一次，康赛克委托麦肯锡公司为该公司电子商务分部制订一系列计划。

在研究计划的时候，麦肯锡派出的团队发现一个状况，那就是这一系列计划能够在整体中涵盖的步骤十分分散。

在团队讨论如何实现目标时，很多人都力图穷尽所能，但实际上，这样做是没有必要的，因为这样做不仅会浪费精力，更会让整个事件陷入混乱当中。因而，当团队的领导者在考虑问题的时候，他会考虑最现实、最重要的问题。比如，康赛克不久之前成立了一个独立核算的部门——电子商务部，在为这个部门进行业务规划时，他问了这样的问题："盈利和增长的主要途径是什么？哪些事至关重要？哪些事无足轻重？"

分清问题的重要性，这是非常重要的。从杂乱无章的问题上剪掉那些无足轻重的分支，从而集中关注重要的问题，是一种解决问题、界定问题的能力。这种能力并非完全依赖直觉，但这的确可以加快解决问题的进程。

那么，读者要怎样拥有剔除问题的能力呢？麦肯锡团队在培训新人的时候会向他们传递两个理论，即二八法则与四象限法则。

19 世纪末期与 20 世纪初期，意大利经济学家兼社会学家维弗烈度·帕累托曾经提出过一个原理：重要的少数与琐碎的多数，即二八法则。

该法则的大意是：在任何特定的群体中，重要的因素通常只占少数一部分，而不重要的因素则占大部分，因此，只要能控制关键性的少数因素就能控制全局。

在 1897 年，意大利经济学家帕累托在通过对 19 世纪英国社会各阶层的财富和收益统计研究发现：社会上有百分之八十的财富掌握在百分之二十的人手里，而另外百分之八十的人却只拥有社会财富的百分之二十，这就是最初的二八法则。它虽然反映了一种不平衡性，但是在社会、经济及生活中，这一不平衡性却无处不在。

没有任何一种活动不受二八法则的影响，二八法则认为：原因和结果、投入和产出、努力和报酬之间本来就存在无法解释的不平衡性。另外，投入和努力也可以用这一法则来说明：多数，它们只能造成少许的影响；少数，它们造成主要的、重大的影响。

在生活与工作中，二八现象普遍存在：经济学家说，百分之二十的人手里掌握着百分之八十的财富；社会学家说，百分之二十的人身上集中了人类百分之八十的智慧；管理学家说，一个企业或一个组织往往是百分之二十的人完成百分之八十的工作任务，创造百分之八十的财富。

二八法则应用广泛，它对人们解决问题的重要现实意义是：避免将时间和精力花费在琐事上，要学会抓主要的问题。

个人的时间和精力都是非常有限的，企业也不可能提供无限的人力和资源，因此要想在一定的时间里把所有的事情都处理好是非常困难的。所以，要学会合理分配时间和精力，面面俱到不如重点突破，把百分之八十的资源花在能出关键效益的百分之二十的方面，让这百分之二十的方面去带动其余百分之八十的发展。

这就要求我们在问题面前要先明确态度，再排定先后顺序，定出远期和近阶段目标；重新审视工作时间表，分出事情的轻重缓急，要毫不留情地抛弃低价值活动；永远先做最重要的事情。

这样就可以让时间和精力得到充分的利用，用最少的时间做出最大的成果。不要让无谓的事情占据着时间和精力，要把该用的时间用到该做的事情上。

在二八法则之后，著名管理学家科维曾经提出了一个时间管理的理论，他提出，要把工作按照重要和紧急两个不同的程度进行划分，基本上可以分为四个“象限”；既紧急又重要、重要但不紧急、紧急但不重要、既不紧急也不重要。这就是著名的关于时间管理的“四象限法则”。

四象限法则应该被应用到对当前问题的分析上面去，可以把要做的事情按照紧急、不紧急、重要、不重要的排列组合分成四个象限，这四个象限的划分有助于对时间进行深刻的认识及有效的管理。

第一象限：这个象限包含的是一些急迫并且重要的事情，这一类事情具有时间的紧迫性和影响的重要性，是无法回避也不能拖延的，所以要率先处理这类事情。它具体表现为重大项目的谈判、重要的会议工作等。

第二象限：这一象限与第一象限不同的是，该象限的事件不具有时间上的紧迫性，但是，它具有重大的影响，对于个人或者企业的存在和发展以及周围环境的建立维护都具有重大的意义，也是不能忽视的。

第三象限：第三象限包含的都是一些紧急但不重要的事情，这些事情虽然很紧急但并不重要，因此这一象限的事件具有很大的欺骗性。很多人都会在这里产生认识上的误区，认为紧急的事情都显得重要，但事实是，像无谓的电话、别人催着去打麻将等事情都不重要。这些不重要的事件往往因为它紧急，往往就会占据着人们现有的时间，腾不出时间处理别的事情。

第四象限：第四象限的事件大多是些琐碎的杂事，没有时间的紧迫性，也没有什么重要性，这种事情出现在计划里纯粹就是在浪费时间。发呆、上网、闲聊、游逛，这些都是业余的消遣娱乐活动，不应该放到工作计划中。

通过这四个象限可以清楚地看出，第一象限和第四象限是完全对立的，壁垒分明，是很容易区分的。因第一象限是紧急而重要的事情，所以，在所有事情面前要优先处理这一象限里的事情，并且要着重处理，不能出现一点纰漏。

第四象限也是很容易判断的，它是既不紧急又不重要的，所以琐事缠身的你断不可以将时间浪费在这一类事情上。

最难区分的就是第二象限和第三象限，而第三象限对人们的欺骗性是最大的，它因为紧急所以会对人产生误导，忙着去处理，但是因为它们并不重要，往往处理完了才发现是在浪费时间。而第二象限则是你主要的目标所在，一定要先处理完这类事情然后再着手处理别的事情。在这一象限里往往是占据着百分之八十的效益，所以千万不能忽视。

这就是划分问题的优先级的两个参考方法，你要想合理地安排身边的事情，就要先看清事情的重要性、急迫性、影响力，然后按照比重进行划分，再注重处理大事、要事，绝对不可以把时间浪费在没有任何实际意义的琐事上。

问题的解决有赖于缜密的逻辑思考和符合逻辑的行动，行动的关键在于其合理性，如果行动不合理，便没有逻辑可谈。通过划定问题的优先级，对问题进行重要性、不重要性的区分，这有助于帮助你在发现问题之后更好地解决问题，实现最终的目标。

转换思路，寻找替代方案

在处理商务问题的时候，你会遇到两种不同的情况，一种情况是很容易就获得了一个答案，另一种情况则完全不同。

有这样一家企业，需要你帮忙来缩减经营成本。通过分析，你可以得出该企业在缩减成本时可以选择如下策略：

裁员，削减员工工资；压榨供应商，削减材料成本；减少办公人员福利，减少办公成本；采取更保守的财务策略，削减资金成本……

如果这个问题只有一个答案，削减员工工资，那么咨询的执行阶段不会出现任何问题，只要选择这个答案就好了。然而，当削减员工工资可以被其他的措施所取代时，问题就变得不一样了。

你想要削减员工工资，但你又害怕因此引起工会的反弹，你害怕员工用罢工来威胁企业，当你无路可走时，你可以硬着头皮这样去做，但当你有选择可以避免这些时，那么你就不能不去评估那些可以取得同样结果的方案了。效果一样，但需要付出的成本不同，这些方案就是可替代方案。

在进行咨询和建议的过程中，进行明智的替代是非常重要且非常困难的。

因为你可以考虑的选择越多，追求的目标越多，需要进行的替代就越多。但是，单纯的替代次数并不是使决策变得如此艰难的原因，而问题在于每种目标都有自己的比较成本。

比较成本指的是在做出某个选择而放弃另外一个选择时所需要付出的成本。如果，比较成本能够以某种数字或评估选项来表达的话，事情还没有那么复杂。如：

方案A成本是1A，方案B成本是百分之六十A，方案C成本是百分之一百三A，那么毫无疑问，方案B会是最好的选项。

再如：

方案A的成本评价是消极，方案B的评价是积极，方案C的评价是一般偏上，那么选择也同样会是方案B。

但问题是，在实际情况中，替代方案很难以这样明晰的方式表现出来。在比较难以明晰选项的时候，又应该如何进行替代？

一个思维能力不够强的人，往往依靠直觉、常识和猜测来判断，这样做很难寻找到一种清楚、理性和容易操作的替代方法。为了解决这个问题，麦肯锡精英们总结出一套体系，用来在各种替代方案中做出合理的选择，他们将这种体系称为“理性剔除”。

理性剔除在本质上类似于一种讨价还价的选择表，它针对的是决策者自身对不同选择所做的衡量与取舍。当决策者试图做某种取舍的时候，要利用目标选项的价值来比对放弃的选项的价值，以确认决策者的选择是否合适。

例如，上面例子中企业面临严重的经济问题，为了解决这个问题，企业提出了几个方案，这几个方案各有优劣：

为了让工人不罢工，企业选择采取保守的财务政策，保守的财务政策将会削减企业的资金来源，让企业扩张能力下降。在这里，决策者就要做出衡量，到底是工人不罢工重要，还是企业继续扩张重要。

理性剔除方法不能使复杂的决策变得更容易，决策者仍不得不在确定的价值和进行的交易基础上做出困难的选择，它提供的是一种可靠的交易机制和一个可以在其中进行交易的一致的框架。通过简化和整理替代中的程序化因素，对等交换方法使决策者可以把所有的精力都集中在决策制定中最重要的工作上：决定各种选择对企业有可衡量的价值。

接下来就是如何开展替代方案的选择，对此，麦肯锡团队内部采取的工具是绘制一张替代表格。在进行替代之前，决策者需要清楚地了解所有的选择和对于每种目标来说重要性如何，要想了解这些，一种很好的方式就是绘制一份重要性表格。

使用笔和纸张或者电脑电子表格，在页面的左侧列出你的目标，在顶部列出你的选项，这样就得到了一个空白的表格。

在表格的每一个单元格内，写下对于指定目标（由行来显示）来说某种选择（由列来显示）的重要性的准确描述。你也可使用数量标准（数字描述）和质量标准（语言描述）。重要的是要使用统一的术语来描述某一给定目标下的所有的重要性，也就是说，在每一行中使用统一的标准。如果不是这样，你将无法在各种目标之间做出理性的替代。

一个正处于上升期的服装企业为自己的替代方案绘制了如下的表格：

目标	方案 A	方案 B	方案 C
发展风险	高	低	中
发展受益	高	中	中
持续时间	5 年	2 年	3 年
企业未来形象	树立高端品牌形象 瞄准高端市场	继续做品牌代言 业余运营自主品牌	运营自主品牌 走大众品牌路线

在这个表格中，企业的经营者可以直观地看出各种替代方案的优缺点，如果企业的决策者在乎的是企业的发展风险，那么毫无疑问，他可以选择方案B；而如果企业的决策者更在乎发展的收益，那么他就可以选择方案A。

一张简明的表格为决策者提供了一个进行替代的清晰框架。而且，它施加了一种重要的规则，强迫你在决策的一开始就定义所有的选择、所有的目标和所有相关的重要性。虽然建立一份重要性表格并不困难，但是我们总是惊讶于决策者很少拿出时间在纸上记下复杂决策的所有因素。离开一份重要性表格，重要的信息可能被忽略，替代可能被随意进行，从而导致错误的决策。

如果此时决策者很难在各种方案中选择一个令自己最满意的方案，那么也不用担心，对等交换的下一个方案是“剔除原则”，即决策者可以不做最优的选择，但必须剔除那些令自己无法接受的选择。

例如，上面例子中的企业无法接受漫长的发展时间，那么毫无疑问，方案A就会被剔除。当剔除的选项越多，决策者做最后选择的难度也自然就越小了。

为了识别可以被剔除的选项，决策者可以遵循这个简单的规则：如果选项A在某些目标上优于选项B，而且选项A在所有其他的目标上不比选项B差，那么选项B就可以被剔除考虑范围。在这种情况下，B称为受A的控制——它没有任何优势，只有劣势。

例如，你有一个周末的空闲时间，你打算出去度假，有五个可能的度假地点可供选择，而且你有三个限制：成本要低、天气要好和旅行时间要短。

在观察所有可以的选择之后，你发现选项C花费较多，天气较差，与选项的旅行时间D相同。选项C受到选项D的控制，因此选项C可以被剔除。

在考虑控制的时候，你不必过于严格。例如，当你进一步比较你的选项的时候，你也许会发现，选项E与选项D相比也有较高的花费和较差的天气，但是在旅行时间方面有微弱的优势——它要比D少花费不到半个小时的时间到达。你可以很容易地断定相对微弱的时间优势不能弥补天气和成本的劣势。出于实际的考虑，选项 E 是受控制的——我们把它称为实际的控制——你也可以把它剔除出去。通过寻找控制，将使自己的决策变得更加简单——你只需在三个选项之间做出选择，而不是五个。

使用这种简单的策略，可以帮助决策者节省很多精力。实际上，有些时候它可以直接得出最后的决策。如果剔除了一个选项，所有的选项都处于相对无法接受的局面，那么那个选项就是你最好的选择。

值得一提的是，理性剔除的原则不仅仅适用于解决问题的决策上，也同样适用于发现问题上面。当我们面对多个问题时，也可以利用理性剔除的原则找出问题的优先级，并进行最优的解决问题的安排。

总而言之，理性剔除作为一种思维工具，在发现问题和解决问题上给我们带来了无穷的便利，而它也是麦肯锡人总是能够用最小的代价做出最佳选择的帮助之一。

第二章

分析准确，问题就解决了一半

深入研究是分析问题的前提

自成立数十年来，麦肯锡走出了上千位商业精英，解决了数以万计的商业问题，在解决商业问题的过程中，麦肯锡逐渐积累了大量的商业案例，这些积累是麦肯锡一个重要的宝藏。

在互联网大数据的今天，麦肯锡通过信息技术对这些商业案例进行整理和归类，逐渐形成了一个名为PD的电子数据信息库。在今天，PD电子数据信息库已经成为麦肯锡一个重要的智力支持来源。

很多新人刚刚进入麦肯锡成为咨询顾问时，他的第一件事便是对PD电子数据信息库进行了解，在他刚刚接手第一个项目的时候，他会首先去PD电子数据信息库寻找帮助，看有没有跟他现在的项目有关联的内容，例如相关的行业数据、相关问题的解决方案、相关的咨询经历……

麦肯锡咨询团队是无比庞大的，因此，PD电子信息数据库也必然是一个庞大的信息系统，这个系统会将麦肯锡人引入解决问题的征途中，可以更快、更好、更准确地寻找到解决问题的方法。

除了PD电子信息数据库之外，麦肯锡还有一些可以帮助员工开展工作的资源。例如，麦肯锡公司建立了一座私人商业图书馆，这个图书馆存有大量商业著作和杂志，并与很多商业数据网站开展链接，它可以为麦肯锡人提供最及时的商业资讯和某个行业的最新动向。

更加关键的是，这个图书馆有一支由信息专家组成的管理团队，他们竭力从PD电子信息数据库、各公立图书馆以及其他途径获取信息，然后为麦肯锡顾问们提供所需要的信息。

与此同时，麦肯锡公司还有一个由资深专家组成的精英智力支持团队，他们都是某一特殊行业的专家，他们可以为员工研究问题提供智力上的帮助。

发现并解决问题，这是商业工作的核心所在，商业精英的思维能力比一般人更强的根本就在于能够更好地发现和解决问题。麦肯锡是一家由精英组成的公司，是什么样的氛围造就了麦肯锡这种经营“传统”呢？那就是对商业问题的深入研究了。

刚刚进入麦肯锡公司的商业人才，接到的第一份工作通常就是收集和研究材料。在麦肯锡公司的理念中，对问题的深入研究是一切分析和行动的前提，如果没有对可靠材料的研究，就没有办法把握问题的本质，透彻地分析和解决问题也就无从谈起了。

对资料的研究贯穿麦肯锡咨询师职业生涯的始终，所以麦肯锡精英们往往能够掌握很多的研究技巧，他们运用这些技巧去寻找实际商业问题的答案。这样由人主导的研究成了麦肯锡最宝贵的财富，每个新人都能迅速地融入团队中来。

麦肯锡的强大在于：在商业活动中不论是什么样的问题，都可以在麦肯锡的历史上寻找到类似的资料。

事实上，几乎每个经营年头较长的大企业在问题的积累上都有一些便利，解决问题的经验就摆在那里，打个电话、查一查资料就可以解决你所有的问题；或许与你同在一个领域的其他部门或其他公司的人已经注意到了同样的问题，那么去他们那里寻找一些经验。

把这些资料寻找到，接着对照研究你遇到的问题，这会为你解决问题节省许多的时间与精力。

一位刚刚进入麦肯锡公司的新同事，他获得的第一个工作是服务于一家生产软件和硬件的大型计算机制造商的财务分支机构，就大型跨国集团在财务和管理方面对其分支机构保持控制的不同方式，以及不同的方式之间的利弊进行商业提案。

拿到这个项目之后，这个新同事一口气工作了几个星期，他几乎每天都在加班，目的就是加深对世界排名前几位的跨国集团有一个全面的了解，看一看有没有值得学习的东西。

这个同事的研究过程是这样的：他首先去了 PD 网搜索最近的案例，幸运的是，公司另一个团队最近刚刚整理出了戴姆勒—奔驰公司的情况，这是他研究的这个主题中最复杂的案例之一，他仅仅用了一上午的时间，他手头就有了需要的东西，研究这些东西可以帮助他理清思路，为他解答当前的问题提供帮助。

有很多人认为，麦肯锡人之所以能够在商业上无往不利，是因为他们过于常人的知识积累和逻辑分析能力。但从上面的案例中看出，知识积累当然是重要的，但运用知识和现有材料并对具体问题进行研究，则是分析工作的前提。没有研究，所谓的分析不过是凭空猜想而已。

不过，有很多人会以材料匮乏为理由，省略掉研究这最重要的一步。但是在互联网的时代，信息是如此的多，网上可供利用的材料比比皆是，找不到信息不应该再成为拒绝研究的借口。

最有用的研究是去研究那些与你的工作相关的事情，尤其是一些类似的工作。无论你正在干什么，你其实都会找到这样的机会，那就是总有什么人在什么地方干过与你相似的事情，从别人的成功和教训当中去研究，学习别人的经验而规避别人的教训，这对于你未来的工作是非常有帮助的。

例如你打算写一本逻辑思考的书、关于麦肯锡的书籍，那么你就应该去拜访那些在这方面有经验的作者，去拜访麦肯锡的咨询顾问。从他们那里获得一些重要的信息，然后当你坐在办公桌前对他们提供的信息做出必要的研究之后，你也就明白自己的书应该怎么写了。

研究是一项很有意义的工作，尤其是当你正在为某类问题寻找解决的方案时，这对朝正确的方向研究则十分重要。一位麦肯锡顾问曾这样论述如何研究一家上市公司的经营状况，他说：

> 去研究年报，如果你想要尽快地了解到一家上市公司的经营状况，年报将带给你很大的帮助。而且更关键的是，包含了除财务数据之外大量信息的年报，是任何人都能够从证券网站那里得到的。

当你拿到一家公司的年报的时候，首先要看的应该是年报前面的“股东信息”和“董事长评论”。只要你仔细地阅读这一部分，而且是用略带怀疑的眼光去看问题，你就会发现大量信息，比如公司上一年度的业绩，管理层对公司未来定位的考虑，还有公司为达到这一目的而制定的战略。一般你还可以快速地浏览一下诸如股票价格、收益、每股盈利之类的关键财务指标。

通过深入地研究年报，你会了解这家公司的经营业绩和生产信息，甚至可以从中得知这家公司的管理人员都是些什么样的人，这家公司的投资风格和财务选择。然后，通过这些研究结果，你可以运用你所掌握的分析工具，对这家公司进行分析，便会得到你想要找的东西。

找对资料去研究它，这种资料包括数据的资料、信息的资料和成功的经验资料，总之，商业中到处都存在值得你研究的地方，你的同事、对手、客户，这些都能够为你提供很多有价值的资料，研究他们会让你获得很多有益的东西，可以帮助你对接下来问题的分析更准确。

一个初入市场的销售人员，无论他多么辛苦地工作，多么用心地去思考，都不如去请教行业里中的佼佼者、去研究那些成功销售人员的案例对他的帮助更大。在分析问题的时候，出发点是很重要的，而决定初始要素多少、对错的就是对于所能够找到的资料的研究。

简化思维的奥卡姆剃刀法则

公元14世纪，逻辑学家奥卡姆提出了一个逻辑观点，其内容是："切勿浪费较多资源去做用较少的东西同样可以做好的事情。"简单来说，就是将一切事务尽量简化。这个原则被认为是极简主义的典范，这条原则也被后人称为"奥卡姆剃刀原理"。

在商业咨询中，一个被应用得非常广泛的"奥卡姆剃刀"法则是MECE分析法。

MECE分析法全称是Mutually Exclusive Collectively Exhaustive（相互独立，完全穷尽），其实质是指对于一个重大的问题进行既不重叠又不遗漏的分类，并且能够借此有效地把握问题的核心，并找到解决问题的方法。

MECE分析法强调在解决商业问题或者其他任何问题的时候，分析者要先理清自己的思路，在保持思维逻辑完整的前提下，防止因为种种原因而导致的困惑及思维混乱。

MECE分析法用最高的条理化和最大的完善度帮助思考者理清思路，进入简明扼要的逻辑思考当中，因而避免了很多不必要的精力浪费。正因为

MECE 分析法有着如此的优点，使麦肯锡咨询顾问一直将其视为最重要的思维工具之一。

每一个新人进入麦肯锡团队时，他总会被要求学习和掌握 MECE 分析法，并且不断地在实践中将它应用出来，从而使得它被完全灌输到脑海之中。当读者问任何一位麦肯锡员工在解决问题的办法中他们对什么印象最深，你得到的回答肯定是 MECE 分析法。

而在麦肯锡自身的管理当中，也有很多强调 MECE 的地方。比如，麦肯锡要求每一位顾问提供的每一份文件、每一次情况说明、每一份电子邮件或声讯邮件都必须是“相互独立”“完全穷尽”的。说了这么多，MECE 分析法到底是怎么运用的呢？

MECE 分析法是从你的解决方案的最高层次开始，即分析出你所必须解决的问题的各项组成部分。当你觉得这些内容已经确定以后，再仔细分析它们，看一看它们是不是每一项都是各自独立的，是不是每一项都是可以清楚区分的？如果是的话，那么你的内容清单就是“相互独立”的；然后再分析这个问题的每一个方面是不是都出自所列内容的一项（而且是唯一的一项），也就是说，你是不是把一切都想到了？如果是的话，那么你所列的内容就是“完全穷尽”的。

对于 MECE 法则，曾任职于麦肯锡咨询公司的埃森·拉塞尔曾具体论述，他举了一个有关于为饰品公司拓展产品和市场的问题的例子。拉塞尔这样写道：

假定美国著名的制造商阿卡米饰品需要一项研究，题目是增加饰品的销售量，那么你会怎样来解决这个问题呢？你也许会提出如下一些方法：

改变把饰品卖给零售商的方式；

改善针对消费者饰品的市场营销方式；

减少饰品的单位成本以降低饰品的价格；

即使这个清单看起来相当普通，那也没什么问题。在接下来的部分，我们将深入讨论转向细节层次的问题。关键是这个清单要符合 MECE 的要求。

假如你加入了另外一项内容，比如说“重新调整饰品生产程序”，这个问题与你已经提出的三个问题如何相一致呢？这当然是一个重要的问题，但它并非与其他问题相一致。它处于“减少单位成本”之下，与“调整分销系统”“改善存货管理”这一类的问题是并列的。为什么？因为所有这些都是减少饰品单位成本的方法，把它们中间的任何一项或者是全部与清单上其他三项列在一起就会造成重叠，重叠意味着分析问题的思路含混不清。

如果你已经保证了清单上的所有内容都是独立的、清楚的，即保证了“相互独立”，那么接下来你还必须进行审视，以保证它同时还囊括了与这一问题有关的所有内容或事项，即“完全穷尽”。

运用 MECE 分析法，最根本的目的是避免思维上以偏概全和逻辑混乱，通过分析将问题排列得更加有条理，形成完整的三级（或多级）逻辑线，这是 MECE 分析法的最大作用。那么，MECE 分析法是如何展开的呢？

步骤一：确定问题的实质。辨别当下所遇到的问题以及分析问题所要达到的目的，才能着手去收集资料，不至于漫无目的地东挑西选，以至于在材料引领分析的过程中，让分析的逻辑变得混乱起来。

步骤二：寻找 MECE 分析的切入点。寻找切入点的最佳方式是分析“问题”和“目的”，即你希望透过资料来解决哪些问题，得到什么样的结论。不过，如果始终想不到明确的切入点，你也不妨先思考一下材料呈现的整体特征，再找出与之相对的概念。再进一步，你也可以先列举出手边所有资料的特征，再将这些特征进行归纳分类。

在这里，MECE 的切入点往往不止一种，擅长 MECE 思考的人，会从各种角度、立场去拆解一件事情。因此，在用 MECE 分析问题的时候，要尽量从不同的角度去思考，寻找到最有助于解决问题的逻辑线。

步骤三：用 MECE 细分具体项目。有的时候，我们虽然已经对资料、问题或者答案进行了分类，但有可能分割得太过宽松，也有可能分割得不够严谨。此时，我们需要用 MECE 法则来检验分割的过程，如果能够继续细分的话，一定要细分下去。

步骤四：确认分割有无遗漏、错误。最后，读者必须审视分割的切入点是否合适，也就是有没有项目被错误地分割到了不属于它的框架之中，或者有没有重要的项目被遗漏，同时也要审视是否有些项目根本就没有归属。当然，如果有必要，对于那些无法分析归属的项目，也可以将其划分“其他”门类当中。

通过以上四个步骤，再繁杂的资料、再烦琐的问题，都能够建立起逻辑框架，进而被拆解开来得到最终的解决。MECE 在概念上并不算难，但要能够灵活地应用，则需要我们在日常的工作和生活中不停地加以练习。

作为一种极简主义的思维武器，MECE 在分析和解决问题上面能够给我们带来很多的帮助，对于这种武器，我们应该牢记在内心深处，以便在需要的时候，随时可以拿出来使用。

问题是什么？为什么会这样？

金字塔分析原理是麦肯锡团队另一个非常重要的思维工具。金字塔原理采取的是问题——回答的模式，这种模式的好处是将问题一层一层地向下拆解，最终形成完整的逻辑链条。

不过，金字塔原理也有一个局限，那就是每当一个环节产生逻辑上的疑问“为什么是这样？”“要怎么做才能实现这一点？”时，就必须再拆解下一层去寻找答案，并将论点依照逻辑的顺序再进行排列。

这个问题导致了一个现象的出现，那就是一旦无法从准备的材料中获得有利的论据或有用的结论时，整条逻辑线就会被切断，至少是会被弱化。正因为如此，金字塔原理必须使用 MECE 分析法则。

在 MECE 法则之外，金字塔原理还需要从不断整理好的材料中找到两个问题的答案，这两个问题是：“其中到底是怎么回事？”“真的是如此吗？”而解决这两个问题的分析工具就是 SO WHAT/WHY SO 分析原则。

SO WHAT/WHY SO 分析原则是两条讨论问题的线索。SO WHAT 是自下而上的，意思是：“这些东西都代表了什么？”它需要你对于列出的各种材料做到透彻的分析，理清各个要点之间的逻辑关系，并检查论据是否能够支撑上一级的论点。

WHY SO 则是由上往下的讨论，问题是："为什么会如此？"它需要你对上一层的结论进行分析，确认结论是不是真的由论据推导而出。换句话说，它需要你检查论据与上一层的观点之间是否真的有因果关系。

很多餐厅都留有可供顾客留言的意见本，顾客在意见本上填写的意见五花八门，如果将这些意见全部用 MECE 原则来分类的话，在"与大堂服务"相关的条目之下，我们就会看到类似"服务员对菜太不了解了""点菜经常会上错"这样的意见。然后，我们对照着意见来向上提问，"这些意见代表了什么呢？"就代表了"服务员对于后厨的信息了解得不清晰"这一个问题，这就是 SO WHAT。

相对于 SO WHAT，WHY SO 追问的是"为什么会这样"，并且利用手边的材料对问题加以验证和确认。对于服务员对后厨的信息了解不清晰这个问题，解决方法有很多种，可以经常召开服务人员和后厨的联席会议，可以只招聘素质较高的服务员等，但这些解决方式必须建立在问题真的存在的基础上。因此，在做出解决之前，我们需要回过头检查一下问题是否真的存在，如果事实证明顾客只是一时兴起的随手涂鸦，那么这个解决方案无疑就是没有正面的意义了。

对于 SO WHAT/WHY SO 分析原则，曾经就职于麦肯锡顾问团队的照屋华子和冈田惠子将它分成两种类型，这两种类型根据结论与论据之间的关系属性不同，划分为观察型和洞察型。

在阐述自己的观察结果的基础上建立起的分析体系，被称为观察性 SO WHAT/WHY SO 原则，其内容是主要说明结论包含哪些既定现象与事实。

例如，当被询问一间幼儿园需要哪些人员时，你的回答是建立在你看到了幼儿园有园长、老师、校工、司机和学生上，因此你的回答就必然是这些人。而洞察型 SO WHAT/WHY SO 原则则是在观察既定的事实或现象之上，再经过自我的思考和分析，从中找出一些潜藏因素的分析原则。

例如，在被询问一个城市需要多少幼儿园时，你不仅仅要观察城市的街道，还要收集各种资料，包括适龄儿童、生育率、潜在生育率、外来人口等，最终在这些材料的基础上得出一个结论，而这些材料自然就成了你的论据。

通过 SO WHAT/WHY SO 原则，我们可以迅速地找到一切材料中对问题有帮助的部分，并保持思考的逻辑正确性，避免出现前后无法连接的结论，也可以避免因为前后论据断裂而陷入思维混乱。

曾经就职于麦肯锡亚洲事务部的大前研一是 SO WHAT/WHY SO 原则的坚定支持者，他提到当初刚刚进入到麦肯锡工作时受到的震撼。当时，大前研一有一位同事叫克宁汉姆，在两个人共事的时候，每当讨论一个问题时，克宁汉姆总是会问这样两句话“你这么说有什么论据？”“你是经过怎样的逻辑分析得出的结论？”

每当这两个问题摆在面前时，大前研一就不得不立即检讨自己的逻辑思考过程，长此以往，他慢慢也养成了凡事都要追问这两句话的习惯。大前研一认为，这种习惯对于培养逻辑思考能力非常有用。

大前研一认为，善于利用SO WHAT/WHY SO原则来思考和分析问题的人，往往对知识以及获取知识的过程有很大的好奇心，这是很多成功者的共同点。经常刨根问底地追问一些“为什么”，可以帮助自己深入了解问题的本质，掌握并不熟悉的领域的知识，或者发现一些似是而非的线索。

20 世纪 80 年代，四十五岁的杰克·韦尔奇接手了通用公司的 CEO 职位，在今天看来，通用汽车拥有着极为显赫的声誉，但在当时这个职位对于很多职业经理人来说却是一个烫手的山芋。

当时的通用公司正经历着非常严重的衰退，人员冗杂，工作态度不端正，企业内部等级固化，官僚作风严重，对市场反应非常慢，这些都是韦尔奇接手的时候必须要面对的。

上任之后，韦尔奇用了将近一年的时间来分析这种现象出现的原因，最终，在一年的论证之后，他得出了自己的结论，人员冗杂、机构臃肿是导致这一现象的主要原因，而解决这个问题的方式就是大规模改革和裁员。韦尔奇这样的决定有大量的论据作为支撑，并非凭空得出，在此之后，韦尔奇便将具体的措施严格地执行下去。

首先他着手改革管理体制，减少管理层次和冗员，将原来企业内部的八个层级减到四个层级，并且撤换了部分高层管理人员。在此后的几年时间里，他又先后裁撤了公司百分之二十五的部门，削减了十八万份工作，将三百五十个经营单位裁减合并成十三个主要的业务部门，卖掉了价值近一百亿美元的资产，并新添置了一百八十亿美元的资产。

要知道，这些事情可是发生在IBM等大公司大肆宣扬雇员终身制的时候，因此韦尔奇的压力可想而知，从通用内部到美国媒体都对韦尔奇的做法产生了反感和质疑，很多人因为他大幅裁员的无情举动还给他起了一个绰号，叫作“中子弹杰克”，中子弹——杀人而不伤一物。然而，韦尔奇没有因为无任何论据的质疑就停下脚步，他坚信自己的思路没有错误，别人越质疑，他就越坚定地进行改革。在韦尔奇担任CEO的短短几年间，他就让暮气沉沉的通用重新焕发了青春活力，让其销量和盈利同时攀升，再次确定了自己在汽车行业巨无霸的地位。

失败者总是提出一些“为什么不行”的理由，然而成功者却会去为“为什么要这样做”寻找论据，一旦得到了事实的支持，他们不会停下行动的脚步，也正因为如此，成功者总表现得比失败者更有胆量，其实，他们拥有的并不是多余的胆量，而是正确的逻辑思考方向和帮助他们将问题剖析得无比透彻的SO WHAT/WHY SO原则。

SCQA 架构，从发现问题到设定课题

芭芭拉·明托是哈佛商学院历史上第一位女学员，作为当时很少投身于经济和商务研究的女性学者，明托女士在离开哈佛之后没有选择华尔街，而是到麦肯锡公司当了一名顾问。

在麦肯锡的十年间，明托女士在工作中摸索出很多解决问题的规律，其中最著名的就是她独创的金字塔理论。明托女士认为，对于事情本身来说，最重要的是结果，因而对于事情的思考应该以结果为导向，进行结构化、分层次的整理。

一开始，明托将金字塔原理应用在写作上面，她发现这对于写出结构严谨、条理清晰的文章很有帮助，之后，金字塔理论开始逐渐被应用到其他领域。因为金字塔理论本身是一种逻辑思维方式，因而它也可以被应用于归纳和总结问题上面，而对于问题的归纳和总结，又尤以金字塔原理的核心部分——SCQA 分析最为关键。

SCQA 是搭建问题解决方案的整体框架，其中的 S 是英文 Scene 的缩写，意思是情景或场景。在分析问题时，需要分析者将问题带入大家比较熟悉的

场景之中，以便于对照理解。

C 是英文 Conflict 的缩写，意思是冲突。在情景之中，要表现出来一个或多个矛盾和冲突，这些矛盾和冲突必须由（最好是仅由）后面的“Answer 答案”来解决。

Q 是英文 Question 的缩写，意思是问题。在这里，分析者需要面对上述矛盾和冲突引出问题，即我们该如何解决呢？

A 是英文 Answer 的缩写，意思是答案，这就是最终的目标，为整套逻辑思考过程得出一个结论。

在下面用实际的案例来论证 SCQA 框架是如何运用的：

曾经就职于王安电脑公司和 IBM 的钱伯斯是商业历史上最著名的 CEO 之一，他后来跳槽进入思科，通过一系列的改革，最终带领思科成长为行业内的巨无霸。

钱伯斯在刚刚进入思科的时候，需要应对的是复杂而激烈的市场竞争、多变的用户需求、急剧快速的技术革新。而当时思科的技术研发落后于对手，市场反应落后于对手，所以在市场竞争中处于下风。对于此，钱伯斯刚刚就职就做了两个重大的变革：一是重视市场和客户，根据客户的要求来决定技术的方向；二是把市场分段，在每个产品领域争取第一或第二的位置。

为了增进对用户的了解，钱伯斯要求公司每年都要在世界各地举办大量的技术报告会和技术研讨会，每当有一项新的网络技术初露头角之时，都要第一时间介绍给用户。同时，钱伯斯还要求思科从副总裁到产品部经理，整个公司的奖金都以客户的反馈意见为依据，把用户的满意度切实地与员工的切身利益联系起来。为了更好地为客户服务，及时与用户沟通，思科建立了全球支持模式，凭借这一模式，思科保持着极高的用户满意度。

在钱伯斯这些变革的指引下，思科公司在1999年之后的十年间曾经数次改变方向，客户需要什么样的技术和产品，思科就向什么方向转移，结果，经过十年的积累，思科不仅赚得了丰厚的利润、稳定的客户群，还从一个单一生产路由器的公司变成一个生产二十五类网络通信设备的综合性公司。

而通过市场分段，钱伯斯进一步稳定了思科在系统服务行业领域的地位。在发现一个新的服务领域之后，如果自己的实力不足以独立完成占领的话，钱伯斯就会选择与行业内已经存在的企业合作，甚至收购或者并购对方的公司。钱伯斯的第一个收购就是因为它的客户需要某一家公司的产品，而思科无法生产，于是他便决定把这家公司买过来。截至2010年7月，在钱伯斯的主导下，思科一共收购了六十一家公司，付出了几百亿美元的代价，当然这些代价也是值得的，通过收购，思科公司最终走上了一条成熟的多元化发展道路。

在钱伯斯到来的时候，思科的情景是“市场竞争激烈”“技术更新换代快”“用户需求变化快”；当时思科面临的冲突是“与用户之间冲突”“与对手之间冲突”“企业内部冲突”；而钱伯斯面临的问题就是如何来解决这些冲突，最终，他给出的答案是增加技术研发投入、瞄准市场……

SCQA框架最开始所要思考的就是情景，商业不可能脱离于社会而存在，因此无论何种商业状况，其一定是依托于某种情景存在的，或经济萧条，或市场繁荣，或行业整顿，或技术革新……

接下来是冲突，有很多冲突在表面上是显而易见的，但有些则不然，它需要我们去归纳。事实上，表面上的冲突很容易将暗藏在内的冲突掩盖起来，因而发现和寻找冲突，对于整个思维框架是一种完善。

例如，某个企业既存在内部的问题又存在外部的问题，这两个问题导致了同一个结果，我们在分析这个结果的时候，如果只看到外部问题而忽略内部问题，其结果就是问题解决不完善，达不到想要的结果。

第三部分是问题，问题这个部分的意义在于归纳出前面两项的结论，以及对结论进行必要性分析。有些冲突我们需要解决，有些冲突则不需要解决，有些冲突需要着重来解决，有些冲突则只需要引导。

最后一部分是答案，答案可以包括为解决最终的目的提供指导，指出解决问题的方法，但也包括最终要实现的目的。

总而言之，SCQA 框架是一种以结果为导向的分析策略，其实质仍然是富有逻辑的思维方式。使用这种方法的好处是，能够为整个问题的解决提供一条简便且清晰的逻辑主线，帮助去除很多没用的信息，这有助于节省分析问题的时间和精力，也能够帮助我们准确地给问题做好定位。

“刨根问底”的 5W2H 分析法

19 世纪 60 年代，集成电路已经在市场上出现，却并未引起电子公司的特别关注，当时的半导体产品还处于晶体管时期。就在这个时候，一家名为英特尔的公司在美国加利福尼亚州成立了。

当时，作为英特尔的管理者——安迪·格鲁夫隐隐觉得集成电路可能是一次影响人类生活的革命，为了印证自己的观点，他开始回溯电子产品发展的历史。

在分析电子产品历史的过程中，格鲁夫慢慢总结出这样一条规律，那就是电子产品终将向着节能化、人性化和家庭化的方面发展，而在当时，使用晶体管半导体的电子产品因其体积大、质量大、保养困难，在这三个方面都很难做到。

那么电子产品会向市民方向发展吗？格鲁夫这样问自己。首先，体积和重量一定要小到可以在家庭中使用；其次，成本一定要更加低廉；最后，一定要容易维修。而当时，大规模集成电路的出现正好满足了这些要求。虽然大规模集成电路需要的技术比较高，但集成电路却能极大地减小体积和质量，并且价格低廉，便于保养。

有鉴于此，格鲁夫判断，集成电路最终必将代替晶体管成为半导体芯片的主导技术。他的这一观点和合作者诺伊斯、摩尔不谋而合，于是三个人决定把公司的重点放在研究和生产集成电路的半导体存储芯片上面，而这一决定也最终成就了英特尔的今天。

有的时候，我们必须为自己的思维打开一个新的思路，从而发现一些少有人涉足的领域，在这个领域中，我们可以进行创新，也可以对现有问题做出开创性的解决。而造就这种局面的，就是5W2H分析法则。

在第二次世界大战中，美国陆军军械部军械维修所提出了一条思考问题的法则，即通过不间断地提出七个问题，Why、What、When、How、Where、Who、How Much来完整地分析问题，检查思考过程中的遗漏，这种法则便被称为5W2H法则。后来，这种法则被推广到战略管理和议题管理上面，再后来又被普及到商业领域的每个环节当中，因而5W2H法则便成了一件重要的思维工具。

福特汽车前CEO唐纳·彼得森说过，多问一些问题，便不用花费力气为过多的问题去寻找答案。而5W2H法则追求的正是这种以问题涵盖全部环节，进而让分析达到面面俱到甚至有所突破的境界。

不知读者是否想过，你的工作成绩为何总是无法获得领导的认可？不知道有多少读者正在发愁，为什么你的事业总是迟迟打不开局面？为什么你的销售业绩总是上不去？为什么你的产品设计就是通过不了？现实生活中，但凡遇到问题，我们首先想到的三个字就是“为什么”。然而，从逻辑思考的角度讲，不是一切问题都只有一个“为什么”那么简单，如果你能将“为什么”分解成为其他更加具体的问题，那么很多问题便迎刃而解了。

在商业领域，不乏一些头脑清晰、逻辑明确的人，然而这些人在遇到某些问题的时候，却表现得十分业余，他们总是无法抓住问题的重点，无法将问题的头绪理顺。对于这些人，如果我们只是劝告他们“冷静一些”“再多想一些”其实是于事无补的，真正有用的是让他们能够将问题按照一定的逻辑细分开来。

大多数人无法将问题按照逻辑细分，是因为他们不知道该怎样区分，他们不了解 5W2H 法则。5W2H 法则可以说是思维工具中最容易掌握的一种，而掌握它的意义又非常重大。

5W2H 法则包括为什么（Why）、做什么（What）、何人做（Who）、何时（When）、何地（Where）、如何（How）、多少（How Much）七个问题，发明这项法则的人通过这七个问题来发现解决问题的线索，寻找发明思路，进行设计构思。

这七个问题具体内涵为：

Why——为什么？为什么要这么做？理由何在？原因是什么？这个问题的提出是为了寻找问题出现的背景和条件。

What——是什么？目的是什么？做什么工作？这个问题的出现是为了确定当前所面对的问题到底是什么。

Who——谁？由谁来承担？谁来完成？谁负责？这个问题的出现是为了确认问题的对象。

When——何时？什么时间完成？什么时机最适宜？这个问题的出现是为了解决一切与问题有关的时间问题。

Where——何处？在哪里做？从哪里入手？这个问题的出现是为了解决与问题有关的地域或切入点问题。

How——怎么做？如何提高效率？如何实施？方法怎样？这个问题的出现是为了解决与问题有关的方式方法。

How Much——多少？做到什么程度？数量如何？质量水平如何？成本产出如何？这个问题的出现是为了计算解决问题出现所需要耗费的资本、精力或其他投入。

一家企业的福利部门收到一份员工意见，希望办公楼里面增设一台自动贩卖机，以解决员工没有地方买饮料的问题。在福利方面，负责人觉得这个意见可以实施，但他不愿意自作主张，于是，他便要试着分析一下购置自动贩卖机的可行性，在这个问题上，他使用了5W2H法则。

第一是Why，即弄清目的。购置自动贩卖机的理由是什么呢？负责人认为，理由有三点：解决员工购买饮料的问题；解决员工出门购买饮料的时间问题；为公司增加收入。

第二是What，即确认问题。问题是什么呢？后勤部门负责人列出了两项，第一项是了解全员（包括公司领导）对于购置自动贩卖机的意见；第二项是决定购置贩卖机的品牌及类型。

第三是When，即何时开始实施征询意见的工作。在此之后，又要何时去购置自动贩卖机？

第四项Where，与第三项When是并列的，那就是确认自动贩卖机摆放的位置。

第五项Who与第三、四项也是并列的，即让谁去负责处理以上的问题。购置贩卖机由哪个部门负责？搜集内部人员的意见又由哪个部门负责？

接下来第六项是How，即如何开展以上的各项工作。这里包括：如何搜集企业内部人员的意见？如何获取自动贩卖机的资料？如何获得相关部门的资源？如何定期评定自动贩卖机的执行效果？

最后是How Much，这其实是一种可行性分析，为问题的解决——购置自动贩卖机设置一个合理的购置成本，并预估其运用的成本和收益。

通过以上的七个问题，福利部门可以说是将购置自动贩卖机过程中所可能遇到的一切问题都摆了出来，在这个基础上，问题的解决就自然不在话下了。实际上，在麦肯锡团队进行商业问题分析的时候，用 5W2H 法则对问题进行彻底的剖析，一直是几乎所有人都愿意进行的工作。

任何问题只要经过了这七个部分，都可以得到全面和透彻的分析。而一些突破性的思考，通过了这七个问题，也往往能够打开一片新的天地。

提出一个好的问题，往往意味着问题解决了一半。提问题的技巧高，可以发挥人的想象力。相反，有些问题提出来，反而挫伤我们的想象力。在分析商业问题、展望商业未来的时候，多运用 5W2H 法则，会让我们的工作更有效率。

SWOT 分析法与波特五力

在分析和结局问题的工具中，麦肯锡咨询公司最广为知名的一个就是SWOT分析法，在相当长的一段时间里，SWOT分析法都是商业决策非常重要的参考工具，无论是麦肯锡还是其他企业都用它来分析商业问题。

SWOT简单来说就是“优劣四项原则”，这里的四项指的是：优势（Strength）、劣势（Weakness）、机会（Opportunity）和威胁（Threats）。当进行一项商业尝试的时候，它必然会面临这样四项要素的影响，而论证其可行性就要按照这四项展开。

中国内地的一家物流公司想要扩大规模，在全国范围内占据一定的市场份额，对于这项商业行为的前景，麦肯锡咨询顾问用SWOT法分析如下：

机会：国家政策的支持；中国持续保持较快速度的增长，地区间经济的融合，将扩大物流市场容量；电子商务的高速发展，网上购物趋势促使物流的需求量进一步扩大；精良自动化中转设备、终端设备、信息管理系统应用将进一步提高物流产业操作效率。

威胁：竞争程度不断在加剧；国际物流公司在进一步渗透；大型企业的多元化，电商组建自己的物流网络；政府对环境治理力度不断增强，物流业需要支付更多的节能成本；不断提高的人工成本和营运场地租金将增加企业的经营费用。

优势：从事物流企业多年的经验；良好的企业财务赢利能力；基本覆盖全国的直营网点；先进的信息管理系统和技术设备；良好的企业品牌形象。

劣势：人才缺乏；一线、二线新入员工流失率相对较高，增加企业用工成本；资金融资渠道单一；三线城市缺乏网点。

在这份分析报告中，该企业的优势、劣势、机会与威胁被全面地概括了出来，企业管理者可以一目了然地知道问题都出在什么地方，需要从什么地方着手解决问题。清晰性、条理性、针对性、对比性，这便是SWOT分析法则的优势。

具体到SWOT分析法则是怎样运作的，这需要对SWOT之中的OT和SW两个环节分别加以说明。以企业战略分析为例，OT即企业面对的机会与威胁，分析OT的主要目的是分析企业所在的生存环境对企业的影响。环境的影响可以分为两大类：一类表示环境威胁；另一类表示环境机会。

环境威胁指的是环境中一种不利的发展趋势所形成的挑战，如果不采取果断的战略行为，这种不利趋势将导致企业的竞争地位受到冲击；环境机会则是指对企业行为富有吸引力的领域，在这一领域中，该企业将拥有竞争优势。

SW，即企业的优势和劣势，这是对企业内部条件的分析。识别环境中有吸引力的机会是一回事，拥有在机会中成功所必需的竞争能力是另一回事。每个企业都需要定期检查自己的优势与劣势，这样才能保证持续的竞争力。

当然，企业的优势和劣势也是相对来说的，两个企业处在同一市场或者说它们都有能力向同一顾客群体提供产品和服务时，如果其中一个企业有更高的赢利率或赢利潜力，那么，我们就认为这个企业比另外一个企业更具有竞争优势。换句话说，所谓竞争优势是指一个企业超越其竞争对手的能力，这种能力有助于实现企业的主要目标——赢利。但值得注意的是：优势并不一定完全体现在某一点上，很多能够让企业保持相对竞争力的因素都可以被视为优势。

使用SWOT分析法的好处在于能够找出对自己有利的、值得发扬的因素，以及对自己不利的、需要规避的因素，进而发现存在的问题，找出解决办法，并明确以后的发展方向。

根据SWOT分析，我们还可以将问题按轻重缓急分类，明确哪些是急需解决的问题，哪些是可以稍微放一放的问题，哪些属于战略目标上的障碍，哪些属于战术上的问题，并将这些研究对象列举出来，依照矩阵形式排列，然后用系统分析，把各种因素相互匹配起来加以分析，从中得出一系列相应的结论，而结论通常带有一定的决策性，帮助我们做出较正确的决策和规划。

需要注意的是，在进行SWOT分析的时候，我们需要坚持的原则是：必须对企业或问题有客观的认识；必须能够区分当前的情况和未来的前景；必须要考虑全面；必须保持简洁从而避免过度地复杂化。

例如，我们运用SWOT分析一个问题的解决方案时，我们需要全面考虑当前的问题，以及这个解决方案所引起的所有变量，并且还必须与其他的解决方案相互比较。

对于我们来说，比较两种事物之间的优缺点是容易的，但分析事物的内外部环境则不容易，由此便引出了另一种分析工具——波特五力。

在麦肯锡团队就商业问题，尤其是企业战略问题进行分析时，SWOT分析法则总是与波特五力相互结合在一起。

波特五力模型是“竞争战略之父”迈克尔·波特提出的，这位曾五次获得“麦肯锡奖”的管理学家在商业管理界享有很高的声望。迈克尔·波特认为，对于企业的战略环境可以由五种力量来分析，这五种力量分别是：进入壁垒、替代品威胁、买方议价能力、卖方议价能力以及现存竞争者之间的竞争。

任何商业环境，无论是国内的还是国际的，无论是生产产品的还是提供服务的，无论是正在萎缩的还是前景美好的，都可以体现在这五种竞争的作用力上。因此，波特五力就成了我们分析企业环境问题必不可少的工具。

这里仍然用之前分析的物流产业为例，以波特五力来分析产业环境，其结果如下：（数据来源：德勤：中国物流产业投资促进报告 2016）

现存竞争者：

中国国内快递企业通过多年的发展，已初步形成一些相对规模较大的快递企业，如 EMS、顺丰、申通、圆通、韵达等快递公司，使得中国国内快递市场形成了国有企业、民营企业和外资企业并存的局面，各个开展业务主要针对定位的细分市场业务，随着发展的继续，竞争将更加激烈。

中国快递市场份额为：中通 14.3%、申通 12.4%、圆通 14.7%、韵达 10.5%、EMS6.2% 和顺丰 8.2%。

潜在进入者分析：

航空公司和大型企业做多元化扩张，依靠雄厚的资源支持和航空运输能力，开展多元化经营。区域性快递公司在细分市场中业务开展不错，积累了一定资金后，开始逐步开拓省级快递业务。而且，2016 年，大型互联网电商企业阿里巴巴、京东、当当、苏宁等企业相继加强对物流领域的投入。

替代品分析：

物流产品通常的替代品有电话、电报、传真及电子邮件，这些对文件类快递产品有一定的可替代性。从总体来看，文件类物品可替代性高，而包裹类物品必须通过运输来传递，所以对快递产品服务冲击较小。

供应商的议价能力：

物流公司的主要供应商集中在航空公司、货车制造商、纸箱、印刷厂、包材厂等主要供应商，因各类供应商供应的资源不同而议价能力也相对不同。

购买者的议价能力：

快递市场规模不断扩大，发展速度较快，吸引大量的企业从事快递业务，为客户提供快递产品服务，因而也就给用户提供了广阔的议价空间。不过目前中国国内高端物流市场还是比较冷清，如果在高端市场开展业务，顾客的议价能力便不再那么高了。

从上述的五点中，我们可以勾勒出一幅完整的物流产业发展环境图，而在这个图中进行优势和劣势的比较，就会更有助于发现问题、解决问题、完善战略和实施战略。

SWOT分析法与波特五力基本都是源于麦肯锡团队，作为一家以解决商业问题为主的公司，麦肯锡将两者应用于商业，尤其是企业战略分析当中，但这并不代表它们不可以应用到其他领域中。

掌握并能够熟练使用SWOT分析法与波特五力，这将会给你分析问题提供更多一种的工具，帮助你在分析和解决问题的时候，更具有客观性、科学性。

第三章 创造性思维，走出思维定式的桎梏

全面认识创新性思维

创新，英文词汇“Innovation”，起源于拉丁文。20世纪初，“创新”一词首先出现在德国经济学家史蒂文森的论著《经济发展理论》中。史蒂文森认为，要做到“创新”，则需要把生产要素和生产条件重组，有机地引入生产体系，“创新”的最终目的是要获取潜在的利润。史蒂文森的理论最初并没有得到关注，直到二十年后《经济发展理论》英文版问世，他的理论才轰动学界。

创新性思维所引发的最直接结果是使现有信息量增值。创新思维增加了知识的含金量，通过将现有知识进行分解和组合，从而让已有信息发挥出新的功能。在创新性思维过程中离不开分析、推理、联想等过程，因此需要一定时间的思维训练、知识储备、素质积累才能达到。创新性思维的运用需要耗费大量的精力，它对思维的主体有着较高的要求。某一项创造性思维成果的取得过程，往往伴随着长期的钻研和探索。

创新性思维从大体上说来，具有如下几个特点：

第一，新颖性。创新性思维贵在“创新”二字。创新意味着它必须在思维的角度上、思考的技巧上等具有与前人不同之处，具备一定的开拓性，不能仅止步于对前人成就的模仿上。这就要求思维的过程中不能被司空见惯的事务所迷惑，要从平稳有序中找出对事物全新的认识角度，以求得到新的发现和突破。

第二，灵活性。创新性思维没有现成的规律和程序可以遵循，它的程序和途径也都没有固定的体系和框架。进行创造性思维时就需要迅速地转移思路，多方位地去尝试寻找解决问题的办法。创新性思维的灵活性还与思维主体在该行业内部的原则界限内的发挥程度有关。小企业的发展一直是一个难题。麦肯锡的咨询人员指出，作为企业的经理，不能一直沿用旧思路进行管理，否则企业未来的发展只有死路一条。麦肯锡的咨询人员给出了两条可能的发展路径。其中之一是企业经理必须要考虑联合办厂、引进外资、加大产品宣传力度，乃至进行技术创新等。这些是方法技术层面上的革新之举。另外的途径则是考虑与大企业合并，或者企业的转产等。这些是针对结果的创新思路。上述两种不同的思考角度，都是运用创新型思维对企业经营问题的改进方法。

第三，艺术性。创新性思维活动是一种灵活多变的思维活动，它能在多大程度上得到发挥，取决于思维主体的开放性。创新性思维活动不能完全用逻辑思维去解释和归类，它的发生常伴随“直觉”“灵感”“想象”等。这些非理性的因素因时而异、因人而异，所以具有极大的特殊性和随机性。创新性思维活动与艺术活动有着相似之处。

同创新性活动类似的是，艺术活动也是充分发挥主体的因素。如凡·高在创作《向日葵》的过程中，就运用了想象、幻想、直觉等非理性的思维方式。《向日葵》的成品固然可以供人研究和临摹，然而其内在的精髓却只能属于凡·高，一个画家的创造力是无法被模仿的。因此，才会有人冒着生命的危险去偷盗真正的世界名画，就是因为真品的最大价值在于天才般的创意。

麦肯锡的咨询人员指出，对于企业经济而言，创造性思维的内在品质也是不可以被模仿的。一旦企业走上了模仿的道路，那么企业在商业活动中将永远错过最好的机会。正因为创造性思维不能任由被模仿，因此创新性思维活动也属于一门高超的艺术。

第四，未知性。创新性思维的根基来源于客观事实和条件，然而其指向的目标并不是现存的事物，而是未知的、潜在的、尚待实现的对象。企业应当如何走，如何利用市场环境和经济规律，发展的过程有多少可能的机遇和拐点，这些都需要付诸行动慢慢检验。创新性思维活动只能是在猜测中无限接近于真实的结果，正是这些不完全的认识，使创新性思维充满未知性。

第五，风险性。前文提到，创新性的思维活动是用已知去探索未知，因此有了一定程度的风险。商业运作的发展和方向不同、创新性思维的实践条件和水平、观察者分析的水平和能力等都会左右结果的导向。主观和客观的限制，有可能让创新性思维结果毫无成效，甚至由于做出了错误的判断而造成重大损失。

从麦肯锡公司的企业文化中，很容易看到创新性思维的影子。麦肯锡的员工除了具有各式各样成功的背景之外，普遍具备思维的敏捷性和敢于尝试的独创性。麦肯锡公司的员工虽然普遍聪明，却未必是具有天才般智商的人士，然而他们头脑灵活、不畏权威、有着标新立异的勇气。在麦肯锡公司，没有任何一个创意会被嘲笑。员工们敢于承认自己的知识和经验的局限，对许多事物抱有好奇心，积极寻求解决问题的方案。此外，他们合理地使用大脑，以做事为乐，因此创新这一需要大量精力的活动在他们看来并不是负担。

创新性思维意味着风险与机会、失败与成功并存。企业应当有意识地提高员工创新性思维的能力，训练他们学会系统思考、逆向思维的能力。企业应当包容不同的观点，不轻视任何设想，即使它尚在雏形。企业应当形成自由的文化，不要过于强调个人成就。创造力往往来自差异性，而非相似性；创造力主要源自发散性思维，能够突破思维上的固定模式。创新性思维对企业的发展具有长远的影响力，应当引起每一位决策者的重视。

创造性思维的敌人——思维定式

麦肯锡公司的专家史密斯说，谋杀创意的“一号元凶”就是“思维定式”。关于“思维定式”一词，用一般的话语解释，称为“惯性思维”。它是由先前的活动造成的结果，并影响接下来的活动的一种心理倾向。思维定式具备一定的优势。在环境和条件不变的前提下，思维定式能够帮助人们用已经学习的知识和经验迅速解决问题，可以有效地节省时间，提高工作效率，而当环境和条件发生了改变，思维定式就很可能化身为创造性思维的“敌人”，变成束缚人们创造性思维的枷锁。

在企业与消费者之间进行的“博弈战”中，“如何让消费者感觉物超所值”是企业需要研究的课题之一。如何为客户提供细致周到的服务，让客户有“物超所值”的心理体验，是企业在价值链的各个环节都需要考虑的。以品牌“三只松鼠”举例，该公司在保证售卖优质坚果的同时，提供了精致的卡通包裹箱和开箱器，并精心设计了钥匙链、湿巾、小玩具等赠品。这些容易被同行忽略的小细节成了“三只松鼠”的制胜法宝，轻易俘获了客户的心，因此在互联网时代激烈的竞争中创造了销售奇迹。

与之相反，对思维定式的“严防死守”会使企业消耗不必要的代价。二十年前，当盖瑞公司把大笔资金投入电视广告上，就注定了盖瑞公司要陷入经济困局。当时盖瑞公司的领导层过分相信“做好广告就是经营好品牌”，而忽略了信息传播途径的多样性，以及消费者的思考日趋成熟和理性的事实。思维定式让盖瑞公司的巨额广告费得不到回笼，并付出了破产的惨痛代价。

思维定式容易让人陷入“惰性思维”，让其只能被动地解决问题，而不再去主动地发掘和思考问题。如此一来，造成的直接结果是创意的缺乏，以及工作效率的低下。麦肯锡公司的咨询人员琳达·海瑟薇曾经对商业经营者做出如下的心理分析：处在“思维定式”的人很难进行发散性思考，如“铁锤用来砸钉子，必要时也可用来进行人身防卫”“椅子用来坐，有时也可用来帮助人从高处取物”等。思维定式下的人容易产生固定心理，导致他们常常不能用灵活的思维去调整方法和策略。

1913年，美国史古脱纸品公司购买了一大批纸。由于保管不善，纸卷表面因起了褶皱而无法使用。面对高额购买的一仓库废纸，公司上下都感到手足无措。只有企业的领导者亚瑟·史古脱保持着乐观平和的心态，在脑海中积极搜寻着策略。亚瑟打破了思维定式，他决定在每一个皱巴巴的纸卷上用机器打上一排小孔，便于撕成小块纸巾。随后，他把“改造”过的纸卷命名为“桑尼”卫生纸巾，卖到车站、学校、餐馆等人流量大的地方，放置在洗手间。这款纸巾由于方便好用而受到人们的广泛欢迎，并很快普及到千家万户。亚瑟不仅处理掉堆积如山的废纸巾，还从此开创了获利丰厚的卫生纸品。

此外，思维定式下的刻板印象容易影响人们对局势、环境等的判断。想象一下，有两张照片摆在你面前。其中一张是个看上去英俊、有教养的男士；

另一张是一个与前者年纪相仿的男子，长相却显得粗俗和猥琐。如果此时告诉你，二人之中有一个是逍遥法外的通缉犯，习惯于思维定式的人将毫不犹豫地做出选择。

陷入思维定式者，创意和想象能力会被“逻辑”所束缚而不自知。如依照以往的惯例，历年的市场份额和销售数据将会成为推测来年的销售份额的重要参考指标，而一个区域的市场开发状况也将引导其他区域的市场开发进度等。然而在如今跳跃式变化的市场环境下，如此直线式的思考方式可能不再适合现实。

在商业活动的过程中，各种事态的发展千变万化，而思维定式的局限性显然影响到了人们对问题的解决。以一个在麦肯锡公司广为流传的笑话为例：有一位警察到森林狩猎，埋伏在常有野兽出没的灌木丛里。很快地，一只野鹿从附近的树丛穿行而过。警察敏捷地从灌木丛一跃而起，将枪口瞄准了野鹿，喊道：“不许动，我是警察！”

这一笑话背后的意味发人深省：思维定式会妨碍人们尝试新的方法，束缚大脑的思考灵活度，降低人们的办事效率。一个人之所以会形成思维定式，是因为他在之前的人生经历中，已经具备了一定的认知、习惯、经验等。而人的思维都是有局限性的，一旦形成固定的认知倾向，对后来遇事的分析和判断能力显然会有很大的影响。

事实上，当今时代，产品和服务、职员与客户之间早已不是非此即彼的关系。各个因素之间都存在相互融合和促进的作用。许多时候，事件没有好坏之分，只存在有效和无效的差异；职员们也没有优劣之别，只有是否适合及适应程度的问题；公司的经营范围和工作职能也将失去清晰的界限，而思维定式的单一性使人无法对现状进行合理的判断。

麦肯锡公司两位资深专家在《创造性破坏》一书中说：先进的企业必须经过断层变革的阵痛，因为在这个新的历史时期，绝大多数的品牌以及其产品都不再有连续性，“创造性破坏的经营模式已经成为21世纪企业成长的核心”。充满跳跃性变化的时代要求企业必须跳出思维定式的拘囿，用“创造性破坏”的思维谋求企业的长足发展。

当时代愈发强调创新的重要性时，思维定式对合理思考及自由想象的压制不言而喻。已经习惯于思维定式的大脑，会在因循守旧中消极怠惰下去。而如果想在商业竞争中有所突破，就一定要从打败创造性思维的敌人——思维定式开始。

试着从不同的角度看问题

如同杯中的水一样，如果一个人的头脑被杂七杂八的经验和习惯填满，那么他就没有足够的空间去装填创新性思维。若想打破思维定式，就需要用更多创新性思维来替换掉固有的思维。方法之一，就是要试着从不同的角度看问题。

在麦肯锡公司，你所要考虑的不只是问题本身，还有问题所有可能的解决方案。麦肯锡的员工把“好记性不如烂笔头”的教益发挥到极致，他们在梳理问题之时，会列出所要解决问题的方方面面。列出之后，他们会仔细地琢磨那份清单。确认了清单里的每一个项目都各自独立，而且再没有其他未曾考虑到的问题，那么这样一份清单就算作圆满。

以麦肯锡公司帮助吉米服装公司研究的“如何提高销售量”为例。团队成员会在短时间内迅速想到“减少单件成本”“改进分销机制”“调整存货管理”等。如果此时再增加一项“重建服装生产程序”，虽然这也是问题的解决方法之一，但是会跟已经列出的项目出现重叠。重叠意味着含混，而遗漏又给解决问题带来了障碍。所以麦肯锡员工也不会放过其他不属于主要内容但比较有意思的想法，将它们列入“其他事项”中，将问题考虑得尽善尽美，是麦肯锡公司一贯的风格。

墨西哥的电信大亨卡洛斯，曾连续三年蝉联福布斯全球富豪榜的首位，甚至超越了比尔·盖茨创造的神话。说起卡洛斯的“致富经”，在很大程度上要归功于他总是能够做到从不同的角度看问题。这与麦肯锡公司一直强调的“创新性思维”有异曲同工之妙。

人们说，卡洛斯的首富是“捡”来的。这句话十分形象，因为卡洛斯本人曾经“捡”过无数濒临破产的公司，他把这些被别人放弃掉的梦想拂去尘埃，重新打磨成充满活力的财富之源。

20世纪80年代初，整个墨西哥遭受了罕见的经济困窘，政府负债累累，国内货币大幅度贬值。为了控制经济危机的蔓延，墨西哥政府采取了“将银行国有化”的措施。国外的不少投资者见状，纷纷回撤资金，许多国内小企业一下子面临关闭局面。小企业要尽量把损失控制在最小范围内，于是争先恐后地低价抛售。

在这种局面下，业界大亨们放慢了投资的脚步，对墨西哥未来经济的发展持观望态度，而卡洛斯却反其道而行。他大张旗鼓地筹措资金，大量收购那些濒临倒闭的小型企业。卡洛斯的举措很快招致大多数家族成员的反对，他们认为卡洛斯此举是在给企业增加负担。

卡洛斯本人并不认可他们的想法。他本人曾经有一段为人师表的经历。有些考试成绩欠佳的学生，只要巧妙地引导，就有培养成才的机会。在卡洛斯的观念中，别人经营不善的企业未必是满盘皆输，只要能找到合适的出路，就有成为赚钱机器的可能。卡洛斯把经济危机当作收购的大好时机，他认为艰苦的时光过后一定会得到丰厚的回报。

最终卡洛斯不顾反对，买下了多家烟草及餐饮公司。经济危机很快过去，卡洛斯凭借自己独具慧眼的经营管理方式，让下属公司扭亏为盈，甚至让市值翻了接近三百倍。卡洛斯采取相似的手段，将他的经营领域扩展到了电信、金融、房地产等行业，创造了一个又一个商业奇迹。

麦肯锡公司曾为专门从事液晶显示行业的麦考夫公司提供经营创意。众所周知，液晶行业竞争激烈且利润微薄，作为行业的新成员，麦考夫公司的初始投资数额并不大，想要在这个领域站住脚，麦考夫公司必须尝试全新的商业模式和思考角度。

在麦肯锡咨询人员的建议下，麦考夫公司精心制作了几十件产品样本，将它们送到二十多家有名的设计公司，并且提出了诱人的条件：如果在电器的设计中能够融进麦考夫的产品，那么将来的收益中将有设计公司的抽成。

麦考夫公司的角色转变成了设计公司的“互利共赢”者。沿着这样的思路，麦考夫将市场纳入了营销系统的一环，加之质优价廉，麦考夫公司的产品销售取得了惊人的成功，他们的市场份额也扶摇直上，在行业内获得了举足轻重的地位。

麦肯锡公司除了对市场的趋势进行精准调研以外，还采用独特的眼光去看问题。麦肯锡公司没有机械地去看待市场分工，而是把市场各个环节的主体都当作可能合作的“利益相关者”。传统的观点是，市场的各个分工部门都是利益的争夺者，相互之间是博弈关系，而麦肯锡公司从合作的角度，将整个生产到销售的环节看作产品流和资金流的周而复始的运动，把自身的利益分给合作伙伴一部分，反而更加促进了产业链的发展。

商业运营对人的思考提出了很大的挑战。聪明的商业模式，常常源自决策者从不同的角度看问题。乔布斯正是由于厌倦了封闭自守、功能简陋、操作复杂的普通手机，从而决定打破僵局，逐渐生出了生产 iPhone 系列手机的想法。麦肯锡的咨询人员再三强调：“要从不同的商业模式角度去理解市场。”试着从不同的角度看问题，是一个成熟的企业负责人所要考虑的。

用假设突破思维定式

心理学研究者曾经注意到这样的情景：牵一头大象时，所用的常是一根细绳，而牵小象的时候，所用的却是又长又结实的粗绳。研究者分析之后得出答案：大象已经被长期束缚惯了，即使使用细绳，大象也不会试图逃跑，而小象因为还没有形成惯性思维，随时都有逃跑的可能。因此小象尽管比成年象力气小得多，却反而比成年象更危险。

大象会在思维定式的束缚下因为一根细绳而失去行动自由，而人们也可能会因为以往的见识和经验为自己设下障碍，而为了解决这一问题，就迫切需要人们敢于打破思维定式，敢于跳出无形的束缚。

在商业活动中，解决一个复杂的问题就相当于踏上了一个漫长的旅程。假设便是通向目标的引导图。在疑难问题发生之前，找出可能的解决方法。这样的思维听上去有些矛盾，然而每个人都是这样做的，特别是面对没有接触过的事物。假设你正开车去城东的一家餐馆，你在心里计划了路线，并一边前进一边规划着下一步的行动，而解决一个商业问题则复杂得多，更加离不开假设思维。

商业活动中的假设尽管是一张草图画就的“路线图”，然而仍是从问题引向解决方法的一个途径。如果最初假设的大致方向是正确的，那么问题的解决也会顺利很多。

陷于思维定式的决策者由于想象力受限制，难以进行大胆而合理的假设。然而，预先假设对突破思维定式的好处不言而喻。事实上，在麦肯锡公司日常的案例分析过程中，除了训练有素的逻辑思维和缜密的推理能力，假设是必不可少的。好的假设能够引导人对案例进行相对正确的分析，更快地指出可行的道路。因此，麦肯锡员工由浅入深地实现突破，不失为一个妙招。

麦肯锡的一个工作组曾为某饰品生产厂寻找增加销售的方法。他们前期花费了不少时间搜寻关于饰品行业的知识和发展趋势。之后，小组成员们提出了一些假设，例如，加强与零售商之间的合作关系，调整营销思路，降低生产成本等。需要注意的是，这些假设并不是最终结果，而仅仅是一些有待证明或反驳的设想。当某方案初步获得小组成员们的通过，企业将沿着那条路线试行一段时间，无论结果如何，都将是宝贵的经验。即使最终证明是错误的，也能为问题的解决提供更多的信息。

通过在纸上列出最初的假设，你就可以获得一张“路线图”。然而需要注意的是，最初的假设也不是随意提出的，而是基于事实做出相对合理的判断和推理之后的产物。做出假设时忌讳东挖一下、西挖一下，自乱阵脚之外也耗费了更多的时间。

麦肯锡的资深项目经理文森特创造了一套行之有效的方法，项目开始之前，翻阅相关行业的期刊和报纸。同时，通过各种途径搜寻相关的人脉。这些外部的资源能够帮你尽快进入角色。如果你的企业出现过类似问题，那么或许你的头脑中已经有相对成熟的答案了。

接下来，提出对解决问题有所帮助的假设方案。如果企业出现了资金周转不周的问题，想一想有什么值得公开讨论的建议。此外，要确定建议的成熟性，思考提出的假设方案可能会造成什么问题或将出现什么困难，考虑每个困难的可能答案。当你自己发现沿着某种思路走下去，问题会越来越多，这将很容易帮助你放弃无法实现的方案。

当你已经提出了相对完善的假设，别忘了审视一下它。回忆之前你对客户、企业乃至某行业的了解，是否能想到的最佳假设仅限于此？在思考过程中是否有偏颇之处？你提出的建议是否已经完美到无懈可击？

最后，不要忘了把你的假设拿到团队里进行讨论。大多数人并不擅长对自己的思考进行批判，而一个由几名出色的成员所组成的团队可以轻而易举做到这一点。当许多有价值的假设被拿到一起讨论时，它们的价值将达到最大化，更能锦上添花的是，因为你对该方案做足了功课，所以在出现新的灵感时，可以做团队的思想领导者："如果我们从这个角度看会怎样？""如果我们把它变一下会怎样？"也许会有意想不到的效果。

如果你从未尝试过进行假设，麦肯锡的咨询者提出如下几点建议。

第一，为了培养提出假设的习惯，可以不必额外进行大量的准备和研究。拿出纸和笔，尽量写下你对一些问题的初步设想。第二，为了证实你的初步假设，你需要逐个对假设进行分析。你所要做的就是深入挖掘相关的材料，以便在团队当中进行充分讨论。第三，不要抱着自认为知晓答案的态度参与集体讨论。受个人能力和经验所限，假设仅限于"初始阶段"。只要抱着学习的心态，讨论的结果就可能对你颇有助益。

得益于"假设"的力量，人类在过去的半个世纪中对世界的探索、了解和利用程度，超过了以往全部人类历史时期的总和。太空漫步、海底遨游、生命探索等，人的智慧在"假设"中无限延展。用假设突破思维定式，让越来越多的创意成为可能。

预言与多重假设

预言是人们利用自己的知识、经验在对事物过往认知的基础上，对前景预先做出的设想和推断。预言虽然是以现有事实为依据，然而思维的成果却尚待事实的验证。预言并不是实践的产物，而是亟待通过实践来实现的东西。

对于提高创造性思维而言，预言的能力十分重要。预言不是信口开河，而是从已知推断未知的过程发现其具有逻辑性和科学性。预言产生的根源也不是盲目的，而是有着明确的目标导向。预言在人类进步发展的过程中起到了重要作用。预言使人类对未知的探索逐步转化为已知，将构想转化为现实，可以说是人类社会发展的一个“助推器”。

麦肯锡的工作人员不会忽略预言的力量。因为他们懂得在商业活动中，预言可以起到积极的作用。许多人听说过“逻辑树”，却很少有人知道“议题树”。议题树的发明是麦肯锡工作人员的骄傲之一。议题树的本质就是为了证实或证伪某个假设所必须解决的一系列问题。议题树是解决问题的一个框架桥梁，人提出的每一个问题都可以被分解为若干个子问题，而子问题的下一层又能够进一步细分。议题树的绘制并不需要耗费太多时间，而所有的问题和子问题都可以清晰明了地呈现出来。在梳理的过程中，那些可以立即被证伪的分支可以立刻被排除。

电子商务交易平台A曾在日本占据着最大市场份额，并且正在向全国推广其商贸业务。然而作为行业的“龙头老大”，A怎么也不会想到自己多年后会被另一家投资少、规模小的平台B抢占了市场。

随着网络在千家万户的普及，平台A把眼光聚焦在了网络购物上，而平台B也正跃跃欲试。平台A以易贝、亚马逊等平台为榜样，并且以“国际通用”为目标扩展业务。而对于未来的发展，平台B把求助的目光投向了麦肯锡咨询公司。在麦肯锡咨询人员的建议下，平台B遏制了好高骛远的“野心”，而是别出心裁地在国内市场做起了文章。

与平台A采取与国际“接轨”的进货渠道不同，平台B以降低成本为目的，使用性价比最高的本土进货渠道，以更加低廉的价位进行网络销售。尾大不掉的平台A需要商户等待商品的批文下达才能进行销售，而平台B采用了更加灵活的支付担保交易，利用消费者去“把控”商品质量。在商户与消费者的沟通上，平台A极力避免两者之间的私下交易行为，而平台B则鼓励消费者在选择商品时与卖家沟通交流。直到平台A最终醒悟，但大势已去。平台B的灵活度打败了平台A的“整齐划一”，而多年来低门槛的经营策略让平台B积累了深厚的“群众基础”。经过一系列的考验，平台A被名不见经传的平台B远远地甩在了后面。

与此同时，不得不承认的是，预言是具有局限性的。一方面，作为预测的主体，无论是知识和经验，还是分析思考能力，抑或是掌握的事实和资料等，导致了预测的准确度受限。另一方面，从预测的对象来看，事物的发展千变万化，预言是对没有发生的事情做出判断，因此具有一定的风险性。同其他一切形式的思维方式一样，预言既不可以轻易相信，也不能妄加怀疑和否定。

麦肯锡咨询机构的专家指出，预言的思维方法有两种：

第一，直观性预言。这种预言方式在很大程度上依赖人的经验、见识和综合能力。许多时候直观性预言是在“直觉”作用下做出判断的。直观性预言虽然没有缜密的分析和推理过程，然而对经验丰富的资深人士来说，这种预测法能发挥出省时高效的优势来。

第二，探索性预言。一般来说，同一件事物的基本因素，如条件、目的、问题、性质等是相对稳定的，因此可以根据相对稳定的因素去推断未来发展的方向和结果。这种方法比前一种更具理性色彩，其探索的角度也更加灵活多变，但大致趋势是不会发生变化的。

前文已经提到，麦肯锡公司在解决全新问题时，推崇的方法之一是“做出假设”。每一次假设都只是有待验证的一步，而不是板上钉钉的结论。企业负责人常常通过自身的经验、判断或者网络信息的辅助，做出自认为正确的结语，而丝毫没有考虑到片面和错误的可能。“做出假设”为企业负责人提供了一个信号：假设随时有可能被推翻，不要轻易下结论。

麦肯锡在解决问题的方法中最为推崇的一种就是“多重假设”。每一次判断都是一次假设，而不是一个结论，我们往往在判断一个行业是怎样的时候，通过网络信息的辅助、自身的分析等会得到一个我们认为正确的结论。而问题就是，你获取到的信息有可能不全面，也有可能不准确，错误的信息给了你错误的判断，而我们却误以为是结论。因此，把每一次判断都当成一个假设，随时接受假设被推翻，而不要轻易下结论。

如果说初步假设为下一步举措的规划提供了大方向，那么“多重假设”就是在事态发展的过程中，根据环境、条件、资金、人员等的变化而做出的假设对现实情况的磨合和调整。多重假设的过程包含着对客观现实合乎事理的推断，每一步都是对之前假设的修正或延伸。初步假设是创造的“酝酿时期”，多重假设就是创造“发酵”的过程。通过将假设拿到现实中去验证，对各种信息进行参照、组合、渗透、选择等，不断把假设延伸至深远处，使创意更加完善。

创新性思维是如何产生的？

每一个商业活动的主体，无论隶属于哪一行业、受过何种程度的教育、具有什么样的背景，内心总会潜藏着一些创新的潜能。长久以来，人们对“创新”的理解有一个误区，都认为是科技人员的专利。然而根据麦肯锡咨询公司做出的一项调查显示：企业的绝大多数创新就发生在普通技术领域。而创新最频繁的地方，也不是人们想象中的“世界五百强”机构，而是占绝对数量优势的中小企业。

20 世纪 90 年代，美国人斯宾塞出版的《寻找创意企业》一书中，提到了平均每年都有百种新产品出世的兰德公司。发展中的兰德公司每年都会开办一家新产品工厂，其中大约五分之一是市面上未曾出现过的新产品，而兰德公司的人数不过千人。

另一本名为《创造力头脑》的书中介绍了丰田公司的事迹。过去的十五年中，丰田公司的汽车产量惊人地增加了三倍，而丰田公司的员工数量一直稳定地保持在四千五百人左右。这一惊人奇迹出现的根源是丰田公司要求每一名下属员工每年提出二十项革新建议。众人拾柴火焰高，员工们的建议每年为丰田公司节约逾两亿美金。

对于汽车挡风玻璃前的雨刷人们已经司空见惯了，然而却不知道最初的发明者居然是一名平凡的补锅匠。这一现象引起了不少人的好奇，因为自从汽车投入生产后，各大企业不乏优秀的专家和工程师，他们也曾多次驾车在雨中行驶，然而他们总是习惯于费力地打开刮雨器，到达目的地后再关掉，从未想到过可以对雨刷稍作改进。一些人认为，受到高等教育的学者总是成不了发明家，是因为他们思考世界的模式业已定型。亦即是说，良好的教育和充足的经验反而使他们对生活司空见惯，失去了创新性思维的能力。

与之相反，另一些人总能从平凡中发现机遇。一次，埃德温先生带女儿出去度假，拍了许多照片。女儿着急地问："爸爸，为什么我不能马上看到照片？"这句很常见的话却引起了埃德温的重视，他很快有了发明"速派相机"的点子，最终取得成功。

麦肯锡公司曾经调查过世界最受欢迎的十大品牌，其中麦当劳公司榜上有名。麦当劳的创始人雷·克洛克，颇具创新性思维，可谓是一个商业传奇。他在传统的食品业上所做的创举，足可与洛克·菲勒在石油业的贡献相提并论。

克洛克的创新性思维的确别具一格。他的改革从麦当劳的联营分销体系开始。他不仅希望自己的企业获利，还希望其他联营者共同取得成功。于是，他向公司未来的贷款者、供货者、经理人大肆发动宣传攻势。克洛克诚恳的描述和开诚布公的态度终于打动了未来的合作者，他的联营计划也得以迅速推广。

克洛克认为，通过对联营者横加压榨而获利并非长久之计，必须为联营者提供配套的支持与服务、建立牢固的合作关系才有机会让企业走得更长远。而一旦联营者营业额下滑，他自己的企业也是独木难支。因而，克洛克鼓励联营者发表自己的看法，只要是有利于对麦当劳餐馆的改进，他都愿意以诚相见。克洛克孜孜不倦的努力为麦当劳公司赢得了大批忠诚且具有创新性思维的联营者，这些联营者为促进麦当劳公司的发展发挥了重要的作用。

克洛克从不随意驳斥任何合作者的提议，他认为没有什么想法不值得一试，即使听上去是天方夜谭。麦当劳公司的食品专家们也充分发挥了创造性思维，对食品的生产和供应进行了大胆改革。专家们经过了精细的论证，改进了农民种植土豆的环节和农产品流水线上加工土豆的工序，调整了牛的饲养方式和炼乳技术，对肉制品的生产进行了改革，还发明了前所未有的高效烹调设备，开创了食品包装和分发的新途径。

除此之外，麦当劳公司还投入大量资金用以研发和改进食品系列，力争为顾客提供种类繁多又经常更新的菜单。如今家喻户晓的麦当劳的主要产品之一——汉堡，最早却是在中世纪的东欧国家出现的。

麦当劳公司强调“标准化”，却并不违背“创新性”的精神，鼓励员工对现有产品及服务提出改进和完善的意见，并组织专业技术人员积极研制。例如，一位麦当劳旗下的特许经营者格罗恩在辛辛那提市开着一家快餐店，平日生意兴隆，可是每到周五，在这个天主教徒聚居区，销售量就会直线下降。于是格罗恩尝试推出一款鱼片三明治，居然收效甚佳。后来，这一菜品被推广到了麦当劳的每一家分店，名字就叫“鱼片”。

麦当劳公司在营销方面成功塑造了一位“麦当劳叔叔”的形象。“麦当劳叔叔”的创意最初来自德国的一家分店，由于它吸引了众多少年儿童，很快世界各地的麦当劳分店都推广了“麦当劳叔叔”，使之成为世界各地少年儿童的亲密伙伴。麦当劳对小“上帝”们费了不少心思，为了吸引孩子和家长们，麦当劳的各个分店都专门设有“儿童乐园”供孩子们娱乐。每到双休日，孩子们可以在麦当劳的儿童乐园里尽情游玩，而他们的父母既可以隔着玻璃窗注视孩子们的安全，又能够不受干扰地静心用餐。

类比和思维移植

马拉·坎博奇是麦肯锡波士顿分公司副董事，在一篇他的署名文章里，他提到一种解决问题的推理方法，是将不同类型甚至完全无关的企业进行强行对比，以此来推测获得一些具有创新意义的结果。为了佐证自己的观点，坎博奇在文章中这样写道：

> 通过在一家企业与另一家看似无关的企业之间进行强行对比，团队的创造力就能获得长足的进步，尤其是在需要原始创意的情况下。我们并不建议你去仿效其他组织——这种方法只会令人失望。相反，我们提出的这种方法是利用其他企业来激发你的想象力。

最近，我们在一次“头脑风暴”研讨会上采用了这种方法，与会者是几个北美企业（包括一家体育用品零售商）的首席战略官。规则很简单：我们依次向每位高管提供一个简单明了的类比，整个小组将利用其对新的业务模式的可能性进行集思广益。当轮到这家零售商的首席战略官时，我们要求小组成员考虑一下，苹果公司将会如何设计该企业的零售业态，由此引起的讨论激发了一些非常有趣的创意，其中包括一个该零售商正考虑应用于其门店的创意：在其零售网点内，创建技术支持场所，顾客可以在其中利用类似任天堂的 Wii 游戏机技术，来“试用”产品。

当然，大多数企业将在公司内部使用这种方法，比如说在创意生成讨论会或解决问题的会议上。例如，那家信用卡零售商的高管们，为了在该团队希望探究的领域获得进一步发展，就在自己的公司与其他一流品牌之间建立了类比关系。通过将该组织与喜达屋酒店进行比较，这些高管设想出一项新的计划，该计划将对那些提前或按时还款（良好行为）的客户进行奖励，而不只是对那些花钱更多（不良行为）的客户提供奖励积分。

同样，通过将该公司的后台管理系统与亚马逊网站和谷歌公司的后台管理系统进行比较，该信用卡零售商学会了以不同的方式去考虑如何管理其客户资料和信息，当客户做出与产品有关的决定时，这些管理方式将会使他们受益，而且，这些管理方式还会使该公司获得有关客户行为的宝贵专有资料。总之，这些洞见导致几个创意的产生，该公司在两个月内实施了这些创意，同时，利用这些洞见，该公司还开发出一组更具长期性的、攸关更大利益的创意组合。

这仅仅是将两件毫无关系的事物进行比较，就能够获得思维上的飞跃，这听起来多少让人觉得有点不可思议。然而，这种不可思议也正是推理的乐趣所在。

关于这种毫无关系的类比法，可以用一个词来形容，那就是思维移植。相信很多人都听说过器官移植，通过在两个人之间移植某种器官，达到治病救人的效果。其实，思维移植也有同样的效果。

思维移植的方法是将某件事物具有代表性的特点、特质、方法或逻辑，运用类比的方法移植到另一件事物上去。需要指出的是，思维的移植并不是简单的复制、仿制和模拟，而是建立在广阔的知识面基础上，运用全新的思维方式进行的一种创新。

这就要求人们要有一双会发现的眼睛，留心类比对象每个小细节，发现不同对象之间潜在的联系。有时候在你眼里看似没有任何联系的两件事物，也许正存在着很大的思维互补性，这就是你逻辑思考的转折点。

美国的体育教授威廉·德尔曼有一次在家里做饼，他意外地发现，用带有一排排方形的凹凸版压出来的饼不但很好吃，而且还特别有弹性。于是他就想到，如果将这个方法用在做鞋上，会不会也能够产生同样的效果呢？于是他把用来做鞋底的橡胶像烤饼一样烤出凹凸不平的小方格，然后钉在鞋底上，果然比以前舒服、有弹性多了，后来他又将这个方法运用到了做运动鞋上，于是就有了现在闻名世界的耐克鞋。

吉列剃须刀的基本构造的灵感来源于一位正在田地里轻松自由地拿着耙子修整田地的农民。吉列保安剃刀公司的创始人金·吉列，正是在看到农民工作的那一幕，才想到要让自己公司的剃须刀像农民手里的耙子一样，简单、方便、运用自如。

运用面包发酵技术制作出了海绵，运用雪糕的制作技术发明了冰激凌，将激光应用到医疗上，切割肿瘤、矫正近视、去除胎记，应用到建筑上，能够精确测量距离，方便切割、焊接。事物往往具有多面性，在不同的人眼中具有不同的价值，要学会用思维移植的方法，在类比中发现新的利用价值，这样才能够产生更多的科技效益。

商业是一个相互影响着的巨大数据库，而人的思维才是行走于其中的创造者。在商业活动中，应该抱着再创造的心理，积极寻求事情的另一种解决方案。你会发现，换一种思维方式，看似复杂的事情也会变得很简单。

人的行为都是受到其观念支配的，所以在思维移植的最初，指导人们进行移植实践的就是人们大脑内的思维方式。在思维移植中，也需要有东西来为移植的事物双方牵线搭桥，而担任这项任务的就是人们充分的想象力。

没有想象力人不可能到达思维移植的彼岸，因为移植法像植物嫁接一样，需要有它自身的客观基础，也就是说需要各研究对象之间具有一定的统一性和相通性，这也就注定了移植不是简单的相加或拼凑，而是新事物产生的一个创造过程。

从本质上说，类比法进行的思维移植分为两种：一种是观念移植，另一种是原理移植。

一、观念移植

观念移植是指将新的观念带入到旧的观念当中来。观念是客观事物在人的头脑中的思维方式，它可以长期保留在人的大脑里，对人的行为判断做出影响。通过类比其他的观念和想法，对已有的观念进行更新和升级，发现新的思维方式，这会对人们的思考产生很多积极的影响。

二、原理移植

原理移植是将旧学科上的原理移植到新学科上来。比如说，基因治疗法就是由遗传学和基因工程原理向医疗治病移植的结果。很明显，基因是生物遗传学上的原理，但是人们还是把它移植到了医学上，促使了基因治疗的生成。当然，就像基因治疗技术在临床上应用上的苛刻要求一样，所有的思维移植也必须满足一定的相关条件，这就要求思维移植的双方要具有一定的相容性、相通性和优化性，只有这样才不会在新的事物体上产生“排斥”反应。

用类比法进行思维的移植，这是一种应用广泛且效果巨大的推理方式，它可以帮助人们发现不同思维模式之间的共同之处，将两个看似毫无关系的信息结合起来，进而产生一个突破性的想法。

第四章

批判性思维，不做轻率鲁莽的思考者

批判性思维的基本框架

入职麦肯锡并不容易，你除了要具备过人的知识和较高的学位之外，还需要在思维方式上表现得与众不同。一位负责麦肯锡招聘工作的职员曾这样形容麦肯锡的招聘原则：

我们总是在寻找那些具有分析和思考能力的人，他们应该具有批判性的思维，可以把问题分解成其组成成分。我们想要的是他们知道如何把问题组织起来的证据，还要看到他们的商业判断能力，以及他们对自己的解决方案的含义理解时的感受。为了实现这种目标，我们在招聘的过程中会选择使用案例，案例的范围从一般的麦肯锡实际案例的翻版到一些稀奇古怪的类型，种类繁多。那些稀奇古怪的案例真的很让人摸不着头脑，例如“一棵树有多少片叶子？”“美国有多少加油站？”等。

对于这些稀奇古怪的问题，面试者的思考过程往往比答案本身更加重要。相比而言，答案反而可有可无，实际上，很多题目是没有答案的。我们想看的是面试者看待问题的角度，而不是他回答得正确与否。在进行商业咨询的过程中我们都了解，绝大多数商业问题也不存在什么真正的答案。在案例面试的过程中，能够运用批判性思维，跳出常规的想法，把问题分解成各个部分及相关的问题，并且在必要时做出合乎情理假设的人，往往是我们最青睐的人。

由此可见，批判性思维是麦肯锡团队非常看重的一种能力。因此，在麦肯锡商业思维锻炼中，一堂重要的课程便是学习批判性思维，而进行对批判性思维的学习，首先要理清批判性思维的框架。

一般而言，批判性思维是建立在自主性、好奇心和创造力的基础上。它主要包含三个组成部分：发现问题的能力、回答问题的能力以及解决问题的能力。拥有批判性思维，这需要人们能够保持思维活动的自主性，从而让思维能力在自我的掌控下获得突破。

进行批评性思维训练，可以从以下十个步骤一步步开展下去，如果每一个步骤都能很好地完成，那么批判性思维便能够得到很好的锻炼。

步骤一，了解问题。问题是引起对话或讨论的题目或者事件，这是后续所有思考的驱动力。

步骤二，为问题寻找理由。所谓的理由，就是要相信某个问题存在的解释说明或者依据。

步骤三，检查思维当中不确定的因素。思维中一些不确定的因素，如“直觉”“感觉”等，会成为支持问题的不确定性因素。如果这些不确定因素不能被及时确定，则不利于理顺整个问题的逻辑。

步骤四，确定价值观假设和描述性假设。假设指的是没有明说出来的想法，而思考者则认为是理所当然的事情。价值观假设指的是在特定情况下，没有明说出来的喜欢一种价值观超过另一种价值观的偏向；而描述性假设指的是没有说出来的关于世界的过去、现在和将来是怎么样的一种看法。假设会影响到人的思维走向，如果假设严重受个人偏好的影响，那么人的思维走向就势必会发生偏差。

步骤五，检查推理过程中是否存在谬误。推理是推进思考的一个重要力量，符合实际的推理会深化人对问题走向的了解，但如果推理过程中存在严重的谬误，推理的效果会受到严重影响。譬如，一些看似为结论找证据，而证据的前提却取决于结论本身已经成立，这便会让思维陷入死胡同。

步骤六，分析思维当中证据的效力。证据是指思考者已经掌握的信息，可以用来证实或捍卫一个事实断言的可靠性。在思考过程中，需要用证据来证实属于事实断言的那些理由。需要注意的是，在大多数人的思考过程中，一些不具有效力或者具有较弱效力的证据，却往往被认定为具有一定的效力，这便会导致一些错误的出现。这类证据主要包括：个人经历、专家意见、个人感觉、过往案例、个人观察、主观判断等。

步骤七，寻找替代原因。替代原因是指言之成理的替代解释，可以说明为什么特定的问题会导致特定的结果。关于替代原因，这里有一些教训可以吸取。

很多类型的事件都可以通过各种相互替代的原因来加以解释。

专家可以检查同一个证据而发现不同的原因对其加以解释。

大部分持论者只给你他们喜欢的原因，独立思考的读者或者听众必须自己找出替代原因。

想出替代原因是个创造性的过程，通常情况下，这类证据不会是一目了然的。

很多事情有相关性，但并不存在因果关系，特定因果断言的确定性和替代原因的数量往往成反比。

很多事件并非只有一种解释。

步骤八，是否有重要的信息被省略了。

在思考问题的时候，任何一个信息都有其目的，而当一些重要的信息被省略时，就会影响到整个思考过程，从而导致出现不完整的思考。不完整的思考主要有以下原因：思考者的知识是不全面的；论证出于主观而忽略某些信息；问题的相关者的隐瞒；由于时空变化而导致的信息缺失……尽可能全面地披露一切信息，这对于整个思考过程无疑是最有帮助的。

步骤九，能得出哪些合理的结论。结论是推理的最后一个步骤。具有批判性思维的人，其结论必然是建立在对理由的含义进行特定的解读或者假设之后才能得出来的。这种结论必然是基于事实的、正确的，又具有突破性的。

对于志在掌握批判性思维的人，明晰思维的框架具有非凡的现实意义。这有助于培养和锻炼批判性思维，帮助那些思考能力较弱的人检视自己思维中的缺陷，进行有针对性的补足，并最终形成完整的商业思维体系。

麦肯锡思维锻炼课程是建立在批判性思维体系之上的，将批判性思维应用于实际解答商业问题的活动中，不仅仅能够得到常规的答案，还有益于得到一些具有突破性的结论，从而让分析活动更有价值。

不要太相信你的直觉

依照思维来进行商业决策，这是锻炼商业思维的目的之一。然而，很多人在做决定的时候并不仅仅依靠商业思维，甚至有些人会全然抛开商业思维，反而用直觉来支配行为。

不靠直觉做事，这是批判性思维对大脑的一个重要改革。直觉有其重要的作用，它算是一种探测未知领域的工具，是一个探测可能性而不是用来评价的工具，直觉会告诉你种种潜在的可能性。

但在作用之余，直觉带给人的更多是副作用。直觉不会为人做出理性的、有区分性的选择，它不会对事件的可能性进行论证，不能代替仔细的研究和数据整理。直觉不能告诉你什么是对的，什么是错的，因而往往会将人引入错误的深渊。因此说，直觉不能够代替商业思维，在很多时候，直觉是没有意义的。

作为商业问题的解决专家，麦肯锡人对于解决各类商业问题无疑都非常有经验。这种长期积累的经验给了他们以直觉来进行判断的资本，然而，具体到实际分析问题和解决问题的时候，麦肯锡人却从不靠直觉来做决定。

一个麦肯锡团队曾受聘于一家企业做薪酬咨询，这是一家正处于上升期的企业，其当前面对的重要问题是如何稳定住管理团队，因此，需要制定更加合理的薪酬制度。按照以往的经验，麦肯锡团队解决这类事务会选择提交一份带有风险收益的薪酬制度，即将企业管理层的薪酬与企业未来的业绩联系在一起，将薪金、奖金以及股票相结合，让薪酬数额与工作年限相挂钩，最终解决这个问题。然而，麦肯锡团队没有这样去做，他们仍然按部就班地对企业进行调查，对企业管理层进行访谈。最终就是在调查中，他们发现管理层认为企业未来能否上市具有很大的不确定性，因此，如果真的依靠直觉做出了上述那样的薪酬改革方案，非但不会将管理层留下，反而会促使一些人迅速离职，导致管理层更大的动荡。

由此可见，直觉是一个非常主观而脱离现实的东西。虽然有的时候依靠直觉能够给人们的思考带来便利，而一旦直觉与现实发生冲突，结果就会不堪设想。

以直觉作为思考问题的依据，这往往是建立在丰富经验的基础上。直觉是经验和知识的产物，然而也正因为如此，直觉才会对思考造成严重的偏差。

第一种偏差是经验与现实不相符。经验是存在于过去的东西，但现实总是不断变化的，经验可以指导现实，但必须建立在现实不变的基础上；而现实是否发生变化，需要先对现实进行细致的调查。

第二种偏差是知识认知错误。有的时候，你认为是正确的知识，反而是错误的，这种基于错误知识的认知，往往会让依靠直觉的思考也进入错误当中。

有人需要为澳大利亚首都的一位朋友寄送冬天的衣物，他之前对澳大利亚并不了解，在打听之后，得知悉尼是亚热带季风性湿润气候，冬天可能有点冷，于是便打算寄去羽绒服。

这个人的错误在于，他的认知是错误的。澳大利亚的首都并非悉尼，而是堪培拉。对于这个问题，相信很多人也会犯同样的错误，这就是将自己的错误认知当作理所应当的正确事情。而接下来，悉尼和堪培拉的气候是不同的，堪培拉位于亚热带季风性湿润气候与温带海洋性气候的分界地带，偏重于温带海洋性气候，冬天是比较潮湿而温暖的，因此棉衣似乎更加合适，这便是错误的认知导致了错误的推断。

再问一个问题，非洲大陆的最南端在哪儿？这个简单的问题，恐怕十个人里面有八九个会答错。相信很多人都会回答好望角，不错，在中学的课本里，好望角是人们耳熟能详的名字，几乎成为非洲的代名词。但是，非洲大陆的最南端其实是厄加勒斯角。只是它默默无名，难以让人记住。人们将自己记住的东西当成了问题的答案，这便是直觉的谬误。

对于直觉的认识，普林斯顿大学教授丹尼尔·卡尼曼在这方面是一名专家。他于 2002 年获得了诺贝尔经济学奖，卡尼曼有一个重要的思维结论，用一句话来概括就是“别让直觉来影响正常的思考”。

卡尼曼认为在判断人和事的时候，直觉可能起到积极的作用，然而前提是你已经在特定时间内收集到必需的相关信息。因为这种情况下，人至少不会因为自己的毫不知情而做一些主观的判断。不过，信息的正确性一定要得到保障，因为一旦相关信息特别是框架信息有误，那么哪怕是专家也会犯直觉错误。

那么，直觉为什么会如此不可靠呢？卡尼曼教授认为，直觉不可靠的根本原因在于人类有限的认知能力。在他看来，人的思维模式大体可分为两类：系统一与系统二。

卡尼曼教授将系统一描述为一组自主运行的认知程序，具有快速、低耗的特点，短处是易犯系统性错误；而系统二，则描述为一组自觉运转的认知程序，擅长精确控制和复杂运算，但是速度慢、耗能高，还有些懒惰。

在处于同一系统盘的情况下，系统一可以依照一定的模式轻松地向系统二提供感觉、印象、意向等信息，系统二也会顺利接受它们，并将信息转换为指导行为的信念。反过来，这些信念又会成为系统一运行模式的参照系数。只有当系统一的运转出现障碍时，系统一才会激活系统二，让后者充分动用能量和注意力，去按部就班地解决问题，比如回答一道中等难度的算术题，或者设计一个商业测试体系。

但是在有些情况下，系统一会满足于轻松自如的状态，根本意识不到它已经犯了错误，因为它只会按照它所设定的熟悉模式运转。在这些模式构成的世界里，月亮在晚上升起，水往低处流动，小狗爱吃骨头。与此同时，由于运转慢、耗能高，“懒惰”的系统二会疏忽对系统一的审视，甚而编造故事，充当系统一的辩手。当这两个系统一起犯错时，人们的认识就会出大问题。

那么，如何来避免让直觉干扰到人们正常的思考呢？卡尼曼教授的建议是，尽可能为系统一提供更多更好的框架信息，用系统二对系统一进行“事前检验”（一般的清单式检查），这能够有效地强化认知能力。不过就连卡尼曼教授也承认，做到这一切似乎不容易。但无论如何，直觉作为一种潜藏于人们思维深处的思考工具，它有其有利的一面，同样也有其不利的一面。对于直觉的应用，人们要慎重对待，尤其是在做商业分析和判断的时候，尽量不要让直觉干扰进来。

强迫症，严重的惯性思维

你是不是有时候十分钟内连续洗好几次手，却还是觉得没有洗干净？你是不是每次出门都要反复查看门锁好了没有，哪怕你很清楚地记得自己锁了？你是不是一定要把所有的东西按顺序排列，否则心里就会特别难受，一整天都坐立不安？

如果你的行为符合上面所描述的或者类似，那么你一定患有强迫症。强迫症是一种严重的惯性思维，它在逻辑思考中的具体表现是：使思考必须沿着一条完整的逻辑线展开，不能有思考的变化。具有强迫症的人，思维往往非常僵化，在分析问题和解决问题的时候，往往会因此陷入困境之中。

弗莱明是一位有强迫症的HR，他的强迫症表现为具有强烈的“动机论”，无论面对什么人，需要解决怎样的HR工作，弗莱明都会强迫自己运用他那一套“动机论”来分析。

如果一个销售部门的销售专员请求调往后勤部门，弗莱明考虑的不是对方是否适合后勤的岗位，而是问对方为什么要申请调岗。是因为他与后勤部门的A小姐有恋爱关系，还是因为后勤部门的B经理是他的同学？总而言之，无论是员工调岗、辞职、请假还是外派，弗莱明总是要先以动机来判断对方的行为。

更关键的是，这种“动机论”往往让弗莱明陷入严重的矛盾当中，他在胡乱揣测对方有各种不良动机之后，往往会干扰正常的判断，进而做出错误的决策。

麦肯锡逻辑思考课程中，关于批判性思维的建议是尽量避免陷入严重的强迫症之中，因为它会干扰到正常人的思考过程，让人的思考完全陷入程序化之中。

患有严重的强迫症之后，思维惯性会让人总是走在错误的道路上，进而做一些毫无意义，甚至违背自己意愿的事情。这些必然会导致人陷入焦虑之中，并承受巨大的痛苦，还会影响工作和正常生活。

这种病症的具体病因到目前为止尚无定论，但可以推测出，它与我们的心理状况、生活环境、遗传等多种因素有关。详细了解后我们还会发现，有强迫症的人普遍都是完美主义者，这类人对自己和他人的要求很高，正是由于过分地追求完美而变成了一种病态。

美剧《生活大爆炸》中的Sheldon就是一个典型的完美主义者，当然，也是一个非常严重的强迫症患者。他会给自己的所有物品都贴上标签编号，就连他的标签上面都有一个编号；衣服不能有一点褶皱，同时还要按季节、颜色分类；从周一到周日，每天晚上吃什么，在哪里吃；什么时候逛街，甚至早上几点上厕所都会有详细的安排和规律。如果有人无意间破坏了他的生活规律，他便会一天都极其不自在，从早到晚惦记着这件事，就算那个人是自己的好朋友也会毫不留情地跟他绝交。

强迫症是一种思维的缺陷，但也并不一定表现在思维上面。强迫症的主要临床表现有两种，一种是强迫思维，另一种是强迫行为。

强迫思维的形式多种多样，有怀疑强迫，像出门后会不停地思考自己有没有关紧门窗，有洁癖强迫，这类强迫症的人总会觉得自己的手上或者身体上有细菌，不干净；还有杀害性强迫，就是站到露天阳台上会莫名其妙地产生跳下去的冲动，或者看到有人在地铁站等车，会抑制不住地想一脚把他踹下去；有的人还有规律强迫，摆平东西的时候一定要左右对称，书架上的书要按照开头首字母顺序排列或者按大小排列，上楼梯一定要左脚踩一个台阶右脚踩一个台阶有规律地走，同时脚还不能碰到瓷砖线等。

强迫行为与强迫思维两者是息息相关的，但有一点需要注意，就是强迫症患者的强迫行为并不是为了满足自身的快感，而是摆脱或者减轻强迫思维带来的焦虑、恐慌。对于这一点，需要运用心理学家弗雷德里克·斯金纳的操作性条件反射去理解。

大家都知道操作性条件反射的原理是无意间的行为使内心产生愉悦，然后这种愉悦感又会促使人们去重复之前的行为。很多强迫症患者在倍感焦虑、饱受强迫思维折磨的时候，无意间做了某个动作，突然发现内心并不是那么痛苦了，便一而再、再而三地重复那个动作，形成了强迫行为。

例如，如果你一直怀疑自己是否关好了门窗而不去坚持看的话，你内心就会认为今天晚上你下班回家时家里已经被洗劫一空，或者有杀人犯、强奸犯之类的躲在你的家里。针对怀疑强迫的人，这种情况下，唯有回家去检查一遍门窗才能感到安心，从而驱除恐惧。而洁癖强迫的人就会把触摸到公共场合的东西但是不洗手这些事情想成自己日后生病、死亡的原因，为了不让自己患传染病、身体被病菌侵蚀的事发生，只好一遍又一遍地洗手。

当然，也不是每一种有强迫思维的人都会有强迫行为。就以刚才提到过的杀害性强迫为例，有些患者内心会有很强烈的自杀想法，但因为理智上的抑制，很少会有人任凭这种想法为所欲为。

那么如何治疗强迫症呢？这就需要一个神奇的全新治疗方法——森田疗法。森田疗法的基本治疗原则是“顺其自然”。所谓顺其自然，并不是指让强迫症为所欲为地干扰人们的生活。它要求人们把烦恼、犹豫当作人的一种自然的情感去接受、认可，而不是一味地排斥，否则这种“求之不得”的心理就会变成一种思想矛盾。像强迫症患者那样，因为纠结如何摆脱强迫症而越陷越深，导致正常的生活全被搅乱，所以正确的做法是学会带着症状去生活。

举个例子，如果明天有一场重要的升学考试，但是你现在什么都没有复习，这时你的内心一定会感到烦躁、焦虑，这些都是正常的生理反应。如果你沉浸于此，一直在纠结“明天要考了，我还什么都没有复习，怎么办怎么办？”这样不光浪费了你的时间，起不到任何实际的作用，还使你变得越来越紧张。相反，如果你选择不去想这种情绪，那它很快就会消失并且成为你复习的动力。

其实，每个人都会有一点强迫症，只不过它们没有像文中所描述的那么恐怖而已。很多人在看到讨厌的人站在自己面前扬扬自得地说个不停的时候，会出现想把他杀死的思想，或者在摸过钱之后会觉得很脏、不干净而想去洗手，以及出门反复思考是否锁门的问题。正常人与强迫症患者的区别在于，正常人会对于这些稀奇古怪的想法置之不理，该干什么就去干什么，或者睡上一觉也可以，过上几个小时甚至几分钟之后，这些想法就自动销声匿迹了。

强迫症说到底是一种思维惯性，人无法摆脱严重的惯性依赖。对于习惯的思维，人强迫自己接受它、随从它，一旦陷入强迫症之中，人便失去了独立思考的能力，这对于逻辑思考无疑是致命的。

相关性不代表因果性

是否具有批判性思维的一个重要标准是能否发现和改正一些固有的思维谬误，其中一个就是是否乱用因果关系。在为企业进行咨询服务的时候，麦肯锡团队经常会遇到一个棘手的问题，即如何向客户解释他们固有思维当中一个常见的谬误——相关性不等于因果性。

在一次咨询服务中，来自麦肯锡的休斯负责为一家保险公司做业务咨询。该保险公司存在一个严重的问题，即公司向中学生群体提供意外伤害保险的保费往往很低，但中学生群体又非常容易发生意外伤害，公司需要赔付大额的保险金。因此，公司认为，这种面向中学生的意外保险严重影响了公司的盈利能力，公司想要将这块业务砍掉。

毋庸置疑，保费低与保险激活率高之间的不合理比例会影响到一个险种的盈利率。而各险种的盈利率与企业整体的盈利能力是相关的，但这种相关的关系能否解释成为因果关系呢？

在思考的过程中，有一个致命的谬误，那就是将相关性看成因果性。这种谬误导致人们无法准确地认识到真正的原因在哪里，无法找到一条正确的逻辑线索。

从理论的角度讲，相关性是普遍的。举个例子，如果因素 A 与因素 B 在某种程度上有所关联，通过某种媒介可以联系到一起，那么它们就算是具有了相关性。比如汽车行驶在路上会造成烟尘，烟尘会影响到道路两旁植物的生长，因此汽车与道路两旁的植物就具有了相关性。

从逻辑学的角度讲，相关性分为偶然关联和固定关联。其中，偶然关联是由随机事件引起的，其发生的概率并不大。譬如，有些企业选择在某些重大节日之前申报所得税，可能会在一定程度上合理避掉一些税，但这种相关性必须建立在税务官的心情上面，这种事件发生的概率很小，因而属于偶然关联。

偶然关联无疑不可以理解为因果，你不能因为某个税务官心情好，在职权范围内为企业做了合理的避税，就认定在节日之前申报就一定能够获得避税。在为企业分析问题的时候，分清这种偶然关联并不困难，即便不是麦肯锡的咨询工作者，一般企业的管理者也很难将美国总统大选导致的就业率提升看作经济状况有所好转的标志。

在偶然关联之外，另一种相关性是固定关联。固定关联指关联关系确定，可以通过统计学计算认为在大多数时候都相关的两者，这里的大多数一般要求在百分之九十五以上。

固定关联在分析的时候，具有一定的迷惑性，有时会让人将其与因果关系相互混淆。因而，对于思考者来说，理解何为固定关联要比理解何为偶然关联更重要。

从差异上来说，固定关联可以分为虚假关联、伴随关联和因果关联三种。

其一，虚假关联，指的是事情的关联性不明确，但因为对信息的掌握不全面而导致人们认为事件之间是关联的。

1975年美国医生齐格勒组建医疗小组，对110万妇女进行了调查。他们分析这些妇女的病历（而不是直接检查所有人），最后得出服用雌激素和发生子宫内膜癌之间有关联的结论。

然而在四年之后，这个结果在医学界遭到了广泛的质疑。因为服用雌激素会刺激子宫内膜增生，容易发生子宫出血，这反而促进了求医行为，而在求医的过程中，一些人发现了自己患有子宫内膜癌。然而，有很多子宫内膜癌患者，是因为其他原因进行体检时发现自己患病的。也就是说，子宫内膜癌与服用雌性激素之间没有固定的关联。这种虚假的关联，只是因为齐格勒小组没有掌握服用雌性激素会导致妇女求医行为的信息。

这种对于信息把握不清的情况，有可能是因为人们对于某些信息的主观坚持，也可能是因为对于某些选择的主观坚持。譬如病人的家属在向医生说明病人的情况时，可能会把他们认为不合适、不喜欢、不健康的病人的生活习惯夸大，因而给人一种病人生病是因为这些不良习惯的错觉，但病人本人在说明自己的情况时，若某些家属在场则可能会掩饰某些情况，这又会导致很多信息的缺失。

其二，伴随关联，指的是某些事件具有共同的原因或结果，因为共同的原因或结果导致二者之间表现为某种关联性，但二者并非因果关系。

例如，在做咨询的过程中，麦肯锡人员发现，处于稳定期的企业，其凝聚力往往是下降的，而裁员也可能会导致同样的问题。因为同样的结果，裁员与企业进入稳定期在某种程度上实现了关联，但这种关联并非因果，因为企业稳定期并不一定会裁员。

兰尼公司是得克萨斯州一家专营农具农药的公司，该公司为得州很多农场提供灭虫药。在经营的过程中，该公司发现，使用除草剂A的农场，在播种三年的玉米之后，往往需要播种一年的牧草进行休耕，而使用其他除草剂的农场则没有这样的问题。与此同时，兰尼公司还发现，选择除草剂A的农场，其玉米的产量往往要比选用其他除草剂要高一些。在这里，因为同样的原因，玉米产量的提高与三年一休耕之间实现了伴随关联，但二者之间也是没有因果关系的。

对于伴随关联，一个重要的分辨手段是寻找这种关联性的共同点，如果这种共同点是并列顺序的，而不是前后顺序的，那么它们就不具备因果性。

在思考问题的时候，如果混淆了伴随关联，认为它具有因果性，那结果就会让头脑陷入一个逻辑悖论当中，无法寻找到问题的突破口。

其三，因果关联。因果关联是相关性中唯一能够推导出因果的类别，也是人们在思考问题的过程中，力求找到的一种关联性。但凡问题存在，就一定能够寻找到前因后果，找到结果的关联者，就能够推导出原因，寻找到原因的关联者，就能够推导出结果。

企业的裁员导致凝聚力的下降，那么凝聚力与裁员就有着因果关联，凝聚力下降是“果”，想要解决这个“果”，就要在裁员这个“因”上面下功夫。有的时候，因果关联的两件事务之间会存在很多中间环节，这些隐藏在事件背后的中间环节会导致人们无法正确认识因果关联。

一些企业开拓新市场之后，盈利能力往往需要下降一段时间，这二者之间也存在因果关联。然而，在很多人的思维之内，这种因果关联是无法理解的。新市场、新发展空间，怎么可能会导致盈利能力下降呢？这就需要寻找到这个因果关联的中间环节。

企业开拓新市场，需要大量的基础投资，投资需要几年时间才获得盈利，大量资金被占用导致整体盈利能力下降。在这条因果关联的逻辑线中，三个中间环节被忽略掉了。

需要额外指出的是，在因果关联之下，还有一种不实关联，这种不实关联与因果关联是如此相似，以至于人们根据简单逻辑已经无法判断。譬如医学上经常使用的安慰剂，就是一种不实关联。

有调查显示，术后疼痛、心绞痛、头痛等情况，使用并无药物成分、只是外形相同的安慰剂，有百分之十五至百分之五十的缓解效果，但这种安慰剂与缓解疼痛之间，其实是没有任何关系的。

分析不实关联，需要大量样本调查、对照组实验等多种手段，这在思考问题的过程中，也是需要学习的。总而言之，在分析问题和解决问题的时候，一个重要的思考就是分清楚哪些事件是只相关的，而哪些事件是既相关又有因果关系，建立在这个逻辑思考基础上的行为，会让问题更容易被分析清楚、解决彻底。

转换视角，换位思考

因为人受直觉的控制，因而人在思考的过程中，立足点总是以自我为中心，但这种以自我为中心的思考模式，往往会让思考过程陷入主观当中，有意无意地忽略掉很多客观的东西，进而导致思考走向错误的方向。

因此，批判性思维一个重要的方法就是换位思考，让人从自我这个主体当中脱离出去，进入到客观世界当中，进而发现事物的全貌。

麦肯锡团队在中国的业务一开始开展得都不是很成功，这很大程度上就是因为他们考虑问题太主观了。中国商业人士即便再西化，但内心仍然保留着中国人的性格和观念，如果咨询工作者不能够站在中国商业人士的角度思考问题，往往就无法提出令人满意的咨询方案。

譬如，一家企业的咨询结果是替换董事会的一名成员，然而这位成员与董事长有着千丝万缕的联系。在董事长的内心里，替换他的损失可能要比失去一家重要分公司所造成的损失还要大。

心理学家艾宾浩斯为换位思考定过义：换位思考就是人与人之间的一种心理相互体验的过程，并且这种设身处地、将心比心的心理转换是人与人之间达成理解的时候所不可或缺的心理条件。

从客观上来说，换位思考要求人能够将自己内心的感受和对方联系起来，这些感受包括思维方式、情感体验等，要求人学会站在对方的立场上去思考体验，进而为双方的良好沟通以及更好地解决现实问题打下坚实的基础。

在日常生活与工作之中，如果你想要和对方相互信任理解，并且建立一个非常良好的合作关系，那么就必须要学会站在别人的立场之上去思考问题，将心比心才能够形成最为融洽的合作关系。

松下幸之助在日本被称为“企业之神”，他节俭的作风、果敢的行为，以及懂得换位思考的管理方式，都成为日本商业界学习的典范。

20世纪四五十年代，日本处于战中和战后时期，经济大崩溃，大部分日本人生活艰难，企业也是举步维艰。在这种情况下，很多企业都以裁员的方式减轻包袱，然而松下幸之助却顶住压力，硬是不裁员。不仅如此，松下幸之助还提升了员工的福利，每个人可以在公司免费吃到中餐和晚餐。这一“法外开恩”是因为松下幸之助懂得为员工思考，他明白当时员工的生活一定非常困难，给他们免费的饮食，这对于他们来说无疑是雪中送炭。

但是没过多久，食堂的管理人员却发现，食堂里浪费问题严重，几百人一顿饭却要吃掉上千个人的粮食，感到员工们太“没良心”的食堂经理把这件事上报给了松下幸之助。

松下幸之助得知此事之后也感到不可理解，于是决定亲自走访食堂。在食堂，他看到的确实如食堂经理所言，大家争先恐后地盛着饭，盛完一碗又盛一碗，连看起来很单薄的人都能盛下三四碗饭。但是，松下幸之助也发现了另外一个现象，那就是在工人们用过餐之后，饭桌上却并没有剩下什么饭菜，这些人并没有把饭菜浪费掉。于是，松下幸之助认定，这其中必有隐情。

他没有直接控制食堂的供应量，也没有设定按配额供给工人的饭量，而是召集了几个员工来谈话。在谈话中，他并没有直接质问员工，而是不断询问员工的家庭情况，并不经意间把信息透露给了员工。在如此的几番谈话中，松下幸之助明白了事情的原委。

原来经济大萧条，很多员工家中都只剩下这么一个收入来源，生活非常困难。在这种情况下，为了节省开支，员工们就打起了公司免费午餐的主意，大家都在吃饭时偷偷多盛一些饭，然后拿回家里给妻子和孩子。

了解了这些，松下幸之助制定了制度：凡是公司的员工，以后都不准再偷拿食物了，只要愿意，他们可以把自己的孩子和妻子一同接来公司吃饭。制度一宣布，员工们都激动无比，大家都为有这样一位为自己着想的老板而感到骄傲，公司的凝聚力和效率得到了空前的提高。

以换位思考作为基础解决问题，不仅仅体现在商业行为之中，在日常交友，甚至是教育子女的问题之中也有所体现。人们经常会听到孩子说和父母之间有代沟，然而这根本就是双方不能够换位思考所导致的结果。

换位思考有时候不仅仅是互相信任的前提，有时候更是一种能够让人从另一个角度看自己的方式。正所谓“当局者迷，旁观者清”，换位思考就是让人从当局者的身份走出来，变成一个旁观者来看整件事情，这个时候也许就能够发现不一样的亮点。

不仅如此，换位思考实际上还是人对于自我的一种提醒。在看某些问题时，人们总是先以自己的角度为主，站在自我的立场上分析问题，但要知道很多问题不仅仅是一个人的事情，如果不能批判性地改变这种自我的立场，结果就很可能将问题搞得更糟糕。那么，怎样做才能具有换位思考的批判性思维呢？麦肯锡的建议是做好以下三点：

要求一：习惯性换位思考。

每一个人都有着许多的习惯，有些人习惯吸烟，有些人习惯做某些小动作，或者加上某些口头语，这些习惯就像是深入肌肤的文身一样难以改变。而当换位思考变成一种习惯的时候，你就不会在某些关键时候才想起来要进行换位思考。也许很多人认为换位思考习惯的培养十分困难，但是实际上，想要培养换位思考的习惯，只需要人们在日常生活之中多一点善良与同情心，在做任何事情的时候都考虑一下别人的感受或者想法，久而久之就会形成做任何事都会先换位思考一下的习惯。

要求二：换位之前，先换思想。

思想是行动的前提，一个正确的行动必须要有正确的思想来指挥，而一个正确的思想也是换位思考成功的基础和前提。在换位思考之前，首先你必须弄清楚换位思考究竟能够给自己带来什么，不能因为要进行换位思考而放弃原本的利益。其次是必须要考虑清楚，站在别人的立场之上做某件事情的时候是否会给自己带来巨大的伤害，如果会，请终止，因为这样的换位思考根本就没有存在的意义，我们进行换位思考的目的是让自己更加完善而不是将自己的生命当成玩具。

要求三：合理掌握换位思考的度。

做事情要有度，换位思考也应该注意一下时间和地点，我们分析问题不能太主观，但也不能因太客观，而忽略了自己的立场。

无论如何，作为一种批判性的思维，换位思考在生活中会给我们带来很多的好处。学会换位思考，这不仅仅会帮助我们更好地解决问题，甚至可以帮助我们拥有更好的人际关系。

思维不要盲从，努力与大众保持距离

胡迪百货公司是得克萨斯州一家有近百年历史的零售企业，因为品牌识别度高，在得州一直广受欢迎。但自 2000 年之后，因为互联网的发展，胡迪百货公司这家百年老店开始遇到前所未有的危机，市场份额逐渐被一些新兴竞争对手侵蚀，虽然胡迪仍然在得州百货业占有重要的地位，但谁知明天会怎样呢？

为了让企业保持生命力，胡迪百货聘请麦肯锡公司为自己制定转型的战略。胡迪公司当时的优势是：资金仍然充足，短时间内品牌影响力也不会有太大的衰退，只不过客流正在减少，但店面数量仍然能够保持规模。

在了解了这些问题之后，麦肯锡咨询顾问们对得州的百货行业进行了深入的调查。他们发现，得州的百货业只是将目标瞄准了大城镇，他们“看不起”那些小城镇，认为这些地方利润太小，不值得投资。这个发现令人惊讶，因为麦肯锡团队认为小城镇中也有着广阔的市场，只要开发得当，将公司在小城镇中铺开，是完全可以获得和大城镇一样的收益的。

于是麦肯锡团队为胡迪百货公司制定了可执行的战略，将战略重心定在了传统观点的反方面，在达拉斯的周边城镇中开设了一家又一家的连锁商店。这些连锁商店虽然每一家的收益都不是很多，但因为数量多、铺开面广，它们成功地让胡迪百货公司在大城市之外又拓展了一片广阔的空间。

所以在思考问题的时候，你不要把思维局限在一个范围内，而要试着让思维突破出去，这是批判性思维所需要的，而当具有这种突破性思维的时候，你会发现自己想问题、看问题的方式不再局限于某一点，而是将整个思维像网一样连接了起来。

对于培养批判性思维来说，你要试着让自己产生一些不同寻常的想法，要敢于与大众思维保持一定的距离，有意识地让自己与众不同。

一间教室里，四年级的学生们正在上课，这节课的目的是培养孩子们突破性思维的能力。老师要求孩子们回答一个问题：在上学途中会穿越街道，街道上会出现拥堵、交通事故等，这些问题该如何避免？

孩子们的答案很丰富。有的孩子回答可以修建天桥，有的孩子回答可以增加交通灯，有的孩子回答可以对汽车进行限速。这些答案都很不错，但其中一个孩子的答案却让老师有些惊讶。这个孩子回答说："建议学校董事会卖掉学校，并且建立在线学校。"

这个与众不同的观点当然是不切实际的，它引来了整个班级的笑声，但却得到了老师的掌声，并非因为这个想法可行，而是因为这个想法代表着一种聪明的思维方式——批判性思维。

敢于独立思考，做一些与众不同的突破，跳出常规来分析问题，这便是批判性思维的一种。常规的思考虽然有助于解决问题，但独立的批判性思维则有助于智慧的开发。批判性思维是鲜见的、珍惜的，即便有时它是无比荒谬的，但它仍然是无价的。因为它代表着人的思维进入了另一个境界——独立去开发常规以外的智慧。而往往正是这样的智慧，引领着包括商业在内的一切社会组成部分的进步。

世界上凡是喜欢运动的人，不可能没有听说过耐克公司，作为世界体育运动品牌第一，耐克的成功自有其独到之处。

耐克是从20世纪末期开始成为世界第一的，在这之前，世界第一运动品牌是德国的阿迪达斯。作为一个“后来者”的耐克，能够超越不可一世的阿迪达斯，耐克公司的领导者奈特功不可没。奈特成功的主要原因就是拥有突破性的思维方式。

1976年，奈特决定集中资源开发高性能运动鞋市场。跑鞋设计独特、品质优良、穿着舒适，消费对象针对那些家境比较富裕的人。在这之后，耐克公司又迅速向棒球鞋、网球鞋及其他运动领域的运动鞋发展。此外，耐克公司也十分重视推销的特殊化，它征求运动员的意见，设计受他们欢迎的产品，又和运动员签订推销合同。

采用以上这些方法往往需要大量的资金，而资金相对匮乏的奈特另有妙计，他经常赠送球鞋给一流的大学球队，也捐款给跑步练习班、举办职业球赛的体育团体和女子网球团体，这些免费的馈赠其实就相当于廉价的广告，而正是通过这些广告，耐克在大众心目中留下了专业和品质并重的印象。

奈特和耐克的故事证实了突破的伟大。人只有不断突破过去，才能创造新的未来。世界之所以会越来越美好，就是因为有那些具有批判性思维的先行者，他们带领人们走在时代的前沿。

批判性思维是一种独立思考的能力，不走寻常路，想一些别人想不到的问题，这便是思维的独立性。对锻炼思维的独立性，麦肯锡团队建议有以下五种方法：

第一，摒弃思维惯性。

事情的发生就一定要有原因吗？两个人斗殴就一定是两个人都有错吗？

企业裁员就一定会导致员工的不满吗？这些都是思维的惯性，就是因为思维总是沿着一条直线前进，才产生了让人难以突破的惯性。锻炼独立思考能力的时候，要尽量让想法摆脱思维的惯性。

第二，主动寻找矛盾经历。

有些人总是以新的习惯性思维去替换掉旧的，这当然是不对的。为了解决这个问题，你可以主动寻找与自己的观点不一致的经历，去找一些令你在短时间内无法接受的想法，从而刺激你走向思维的另一面。

第三，旁观者视角。

把平常生活抛在脑后，可以赋予思维这样一种自由：从另一个角度看问题，观察这个世界将带给你一种思考自我的平衡。静静地站一会儿，这可以给你嘲笑自己所持的信念以及寻找一片新的空间的机会。

第四，随机化决策。

思维惯性会影响到你的决策，因而，让决策随机化，就是以行动来干扰思维的惯性。

第五，挑战常规。

你要尝试养成本能的质疑，尤其是对于习惯性的观点，一定要经常性地质疑。不要在心里认定“真理是不证自明的”，要有自己的判断能力，要有挑战常规思维的勇气。

锻炼独立思考的能力，这对于你的人生来说有着非常多的好处。麦肯锡团队对于独立思考的坚持，是在整个思维运作的过程中最重要的事情，因为人一旦陷入到了思维的惯性当中，便会失去了创新的能力，而只有批判性思维带来的创新突破，才能够让人具有最旺盛的活力。

通过联想让思维跳跃起来

如果你的社交圈里面有正处于热恋中的闺密或者兄弟，那你一定能体会到一种感觉，就是无论你正在和他们聊什么，话题总能被扯到她们的男朋友或者女朋友身上。

你跟你的闺密去逛街，她总会跟你讲她男朋友喜欢什么样款式的衣服，她男朋友爱穿什么牌子以及她和男朋友逛街时遇到了某某。

你拉着你的好兄弟去打游戏，他一直会在你耳边碎碎念："我女朋友不让我打游戏，万一她知道了怎么办……"然后女友长、女友短地说个不停。这对于单身的你来说无疑是一种折磨，你的内心无时无刻不在嘶吼："为什么他们总是联想到他们的对象！"

联想是一种思维的跳跃，它在每个人的生活中都出现过，那么，联想对于商业问题有怎样的意义呢？

企业战略规划方面的咨询师陶·吉特林曾任职于麦肯锡公司，在离开麦肯锡之后，他加入了佛耳门特公司，负责为该公司组建战略规划分部。在新的工作岗位上，从麦肯锡学到的思维方式给了他很大的帮助，其中帮助最大的便是合理地利用联想。

联想作为一种批判性思维武器，其重要的意义在于让思维活跃起来，通过跳跃翻过原本不容易解决的问题。我们通常会见到一些举一反三的人，他们使用的思维武器就是联想。在佛耳门特公司，吉特林依靠合理利用联想，在事实搜集、提炼和总结方面获得了很大的成功，赢得了公司内部客户及各分部总裁的崇敬。

吉特林的联想以事实为依据，但又不仅仅局限于事实，他能够通过联想，对某一类问题进行合理的归纳和总结，为很多事件做出了范例式的指导。那么，联想到底是如何来运用的呢？解答这个问题，需要从了解联想开始。

联想指的是由一件事情想起与之有关的其他事情的思想活动。简单地说，外部特征或意义相似的事物之间可以同时反映在我们的脑中并且建立联系，所以，只要一个事物出现，与之相关的另一个事物也会随之出现。

联想与想象不同，想象是从一个事物凭空构想出一个不存在或者闻所未闻、见所未见的事物，而联想想出的另一个事物是真实存在或者之前就已经保存在记忆中的，两者之间是有关联或者类似的。例如，人们可以从香蕉联想到茄子，甚至联想到猴子，但肯定不会想到香蕉侠，因为根本就没有香蕉侠这种东西，这就是联想与想象的差异。

联想这个概念最早是由亚里士多德提出的，他断言现在所有的观念的产生必伴随另一种与之相近或相反的观念，或是在过去经验中衍生出来的观念。17 世纪，联想变成了心理学中最常用的术语。巴普洛夫也用自己创立的条件反射理论解释了“联想”一词，例如，你看到梅子会条件性反射地分泌唾液，尽管你并没有吃到梅子。心理学家荣格也曾做过联想实验，他发现了词语联想测验可以间接地透露患者的心理状况和特殊的情节，这便是心理学投射最早的测验方法。

普遍来讲，联想规律分为四种：相似联想、接近联想、对比联想和因果联想。

第一种相似联想，是对一件事的回忆会引起与它性质或者形象上相似事物的回忆。比如从蜘蛛侠联想到超人，从哈根达斯联想到小布丁，它反映的是两者之间的共性和相似性。写作中就常常借助相似联想来进行比喻和修饰，人们常用松柏或者竹子形容坚忍不拔的性格。除此之外，两个写法、读音的东西也可以在脑中建立联系，像德玛西亚和马来西亚。

第二种接近联想，是指两种事物在时间上或者空间上接近，从而形成联系。提到魁地奇就一定会说哈利波特，说到纽约就会想到自由女神像、曼哈顿，等等。

第三种对比联想，顾名思义，是从一个事物联想到与它相反的事物。寒冷的时候会想到炎热，处在沙漠之中会想到绿洲，处于夜晚当中会想到日出等。

最后一种因果联想就更不用多说了。早上出门看到地面是湿的，自然而然就会想到昨天晚上下雨了。文学作品福尔摩斯能料事如神就是凭借因果联想。很多广告也经常借用因果联想来告知消费者自己的商品可以满足什么样的需求，绿箭口香糖的一则广告拍的就是一个中午吃了很多洋葱、大蒜的男人依旧无所畏惧地跟同事聊天，原因就是他嚼了两片绿箭口香糖，无须担心口气问题。

了解完了主要的四条联想规律之后，让我们把目光再放回荣格的词语联想测验上面来。测验非常简单，医生给你一个词，说出你能联想到的第一个事物是什么，然后记录反应用的时间，有的医生还会使用仪器测试心跳变化、血压等。接着，再根据你对不同词的反应时间、联想到的事物，甚至是口误来推测你的心理状况和一些特殊的情结。当然，这些词语并不是随意给出的，是荣格经过多次的试验和反馈总结出来的，而且包含很多方面的内容。这些词汇好比一把尖刀，可以刺破人的伪装直接扎到心底。假如所有人听到“水”

这个词想到的都是“河流”“甘甜”“清凉”之类的词，而你却联想到了死亡或者迟迟不肯说出心里的答案，这就说明这个词汇触动了你的某根神经，可能你因为儿时溺水所以现在心里有很严重的“水”情结。

下面我们来分享一个具体案例。

有一名35岁的中年男子接受了荣格的词语联想测验，在测试中，荣格注意到他对于“刀”“打架”“瓶子”之类的词的反应时间远远高出平均反应时间，很快荣格就推测出这名男人曾涉及一桩酒后伤人的纠纷，这名男子听了荣格的分析后惊诧不已，最后和盘托出事情的前后经过。

原来，他曾因为酒后与人发生争执，一怒之下一刀刺伤了对方而被判刑一年，由于这个男人出生在德高望重的家庭中，这件事情成了他隐藏多年，不愿提及的心里阴影。不想，却在词语联想测验中暴露了出来。

现在科技水平的提高导致很多人认为词语联想测验属于荣格那个时期的产物，过于简单，甚至已经过时。但是这种方法所代表的方法论，即刺激产生反应，再由反应推断心理状况，是具有潜在的价值的。

在了解了联想之后，人们应该试图去开发自己联想的能力，尤其是对比联想和因果联想。因为在思考的过程中，如果能够频繁地运用这两种联想的能力，无疑会减轻很多思考的工作，让你拥有举一反三的能力。

批判性思维的重要意义是让思维更加富有突破性，让人的思考能够逆常规而动，而联想思维虽然来自常规事物，但只要运用得当，也是可以获得逆常规的效果的。

第五章 把精力放在“做正确的事”上面

什么事是最正确的事

诺贝尔基金会成立于1900年，负责给获奖者支付奖金等事宜，因此基金的管理不允许出现任何差错。在基金会成立之初，章程就明确规定了基金的投资方式以安全为重，采取有稳定收益的银行存款、公债等投资方式。诚然，安全至上的投资方式是一种稳健的手段，但是相应地牺牲了股票、房地产等回报率较高的风险投资，随着每年诺贝尔奖的发放与诺贝尔基金会运作的各种开销，半个世纪后，诺贝尔基金会的资产流失了将近三分之二。

眼见用来发放奖金的资产即将消耗殆尽，基金会的理事们及时觉醒，积极寻找咨询顾问来应对困局。幸运的是，他们选择了当时在商业界已经声名鹊起的麦肯锡咨询公司。面对迫在眉睫的形势，麦肯锡公司专门成立了一个研究小组。经过周密的前期调查，团队意识到提高投资回报率对财富积累的重要性，当年就把这一建议提交给诺贝尔基金会。诺贝尔基金会因此在1953年更改了基金管理章程，把投资方式从仅仅依靠在银行和公债转向股票和地产。这一理财举措突破性地扭转了局面，在之后的几年当中，巨额奖金照发不误，诺贝尔基金会也因此正常运转起来。后来，诺贝尔基金会不仅挽回了过去的亏损，还让资产一天天地累积起来。

彼得·德鲁克是世界著名的管理学大师。他曾在论著《有效的主管》里提出："效率是'正确地做事'，而效能则是'做正确的事'。效率和效能不应偏废，但这并不意味着效率和效能具有同样的重要性。我们当然希望同时提高效率和效能，但在效率与效能无法兼得时，我们首先应着眼于效能，然后再设法提高效率。"

这句话可谓一针见血地指出了现实中人们工作方法的弊病。不管是公司的商业行为，还是每位员工的工作方法，他们的着眼点往往都在于前者：用很高的效率去"正确地做事"。然而真正关系到商业运作的，最关键的却是效能，是要"做正确的事"。彼得·德鲁克还补充道："对企业而言，不可缺少的是效能，而非效率。"

效率固然有着它的重要性，高效的作用是让我们加快迈向目标的脚步；效能却是方向的指引，其作用是确保我们的工作朝着正确的目标迈进。麦肯锡员工保持优秀的最大秘诀是：每一个麦肯锡人在开始工作前必须先确保自己是在"做正确的事"。显然，"做正确的事"是"正确地做事"的前提，如果大方向不对，一切努力将毫无意义。假如，在一个工厂里，生产线上的职工严格按照标准在生产产品，每一个操作步骤都严格按照工序进行，那么这些员工就是在"正确地做事"。然而，如果他们所生产的商品根本不符合市场要求，找不到买家，那么无论产量有多高，都将是徒劳的。

在麦肯锡公司，一个小故事被广泛流传。有一群人来到丛林，开始清除一小片矮灌木。当这群人费尽九牛二虎之力，终于清除那片灌木林，直起腰来长舒一口气，想要好好放松一下身心的时候，猛然间却发现旁边还有一片灌木林——那才是真正需要他们清除的丛林。现实生活中有多少人如同那群清除灌木丛的人一样，往往只是埋头砍伐着一株株"灌木"，甚至没有意识到他们走错了"灌木林"。

“做正确的事”是一个非常重要的管理思想。对于任何人而言，“做正确的事”都远远比“正确地做事”重要。麦肯锡公司的资深顾问劳拉这样评价“效率”和“效能”：“‘做正确的事’是企业高层管理者所要决策的，与企业的未来发展相关，而‘正确地做事’则是决策的执行。”如果领导和员工们努力的方向是正确的，即使在执行中出现一些偏差，也可能不会造成致命的损失，但如果把错误的事情执行得完美无缺，对企业来说将是一个灾难。

麦肯锡公司的员工皮特曾指出：“我们不一定知道正确的道路是什么，但却不要在错误的道路上走得太远。”这是对每一位职场人都颇具有重要意义的忠告。这提醒人们在工作中有一个十分重要的注意点：如果你一时还弄不清楚“正确的事”是什么，就先停下脚步好好思考一下吧！

麦肯锡公司的创造精神和充沛活力令许多公司羡慕不已。可见，强调“正确地做事”、培养有效率的人，与倡导“做正确的事”、培养有效能的人，在工作中的表现是迥异的。前者是保守的，容易扼杀员工的创造性；而后者是进取的，在工作中会发挥更多的主动性。

在工作中，能够“做正确的事”的麦肯锡员工，从进行某项工作开始，就知道所要到达的终点在哪里，而目前为止做到了哪一步，是否保持在正确的道路上前行等。他们能够判断为了抵达“终点”，哪些事是必不可少的，哪些事是看似不可或缺、实则无足轻重的。

你想要以麦肯锡员工为榜样，就要在任务进行的过程中时刻检查自己是否偏离了最终目标，是否对最终目标的实现有积极的促进作用。千万不要让自己忙忙碌碌，最后却发现与终点背道而驰。一旦形成了经常“抬起头向前望”的习惯，你就能够逐渐形成良好的工作习惯，对事务的判断就能更加理性，眼光也将更加长远。

对"正确"的准确衡量

具有医学背景的麦肯锡咨询人员肖恩说："让工作高效的方法有些类似于医生治疗病患的过程。例如，病人在医生面前说自己可能受了风寒，感到头疼、鼻塞、嗓子肿痛等。医生会仔细倾听病人的描述，然而却不就此相信病人的自我诊断。医生会翻开病例，询问病人是否有病史，并且询问一些关于症状的细节。总之，医生不会轻易地把病人的话奉为圭臬。"

在麦肯锡，类似的问题是显而易见的。客户对自己企业问题的判断常常并不比病人们更明智，他们有时对企业存在的困难的描述是含糊而浅陋的，这就为麦肯锡公司的咨询人员帮助企业出谋划策带来了难度。肖恩回忆说："我和我的团队接到的第一个任务是帮助新泽西一家投资银行提高盈利水平。这样的诉求如同病人说'我感到不舒服'一样模棱两可。还有一次，一家制造业公司要求我们评估分支机构的扩张机会。我们经过了几个星期的资料采集和研究分析，得出的结论是：这家分支机构需要的不是扩张，而是被卖掉或是停业。"

对"正确"的衡量方法，是要深入地挖掘事实和收集资料，多问几个为什么，多进行实地考察。一般来说，不用花费太长时间，你就会意识到自己的方向是否正确。例如，当黑白电视的市场需求已呈现饱和状态，而彩色电视市场正方兴未艾，企业如果依旧把黑白电视作为目标产品，那么不论他们生产黑白电视机的效率有多高，最终产品都将滞销。

依旧拿病人看病举例，当医生认为病人出现的症状和他们对问题的描述掩盖了某些可能更加严重的事实时，他们将会这样告诉病人：“道格莱斯先生，我能够治好您的头疼。不过，我认为您的症状有可能是某种更为严重的病情的表现，请您配合我做进一步的检查。”同样的方法，麦肯锡的工作人员会对那些迷茫的客户说：“您让我们去调查研究 A 问题，但真正对您公司的业绩有影响的，取决于 B 问题的解决情况。如果您需要，我现在就可以帮您处理掉 A 问题。但是，我认为把精力放在 B 问题上会对您的公司更有好处。”与此同时，麦肯锡的咨询人员通常会顺带提供支持自己观点的资料和论据，这样既能让客户心悦诚服地接受他们的建议，又能尽到自己的职责。

麦肯锡的员工在做事之前一定会找出什么是“正确”的，这是一切任务进行的第一步。无论是谁，每件工作都会有它特定的最好的结果，而那个最好的结果就是他们期望达到的最终目标。在开始行动之前，只要明确了最终目标，就会在任务进行的过程中始终不脱离“正确”的轨迹，你所进行的每一步都将为最终目标做出有意义的贡献。

在大多数职场人士的印象中，每天都有无数的大小任务等待他们去处理，而且其中的不少任务看上去还显得非常紧急。例如，办公桌一角不停作响的电话，一小时后要举行的某个会议，给某个客户回复电子邮件等。事务性的圈子使人们变得忙忙碌碌，这在许多人看来已经是司空见惯的事情了。但事实上，他们的工作原本可以不必如此。麦肯锡的工作人员中流传着这样一句话：“我们每个人一天当中所完成的事情，超过百分之八十是并不重要的。”这就给人们提出了一个警示：人每天都有百分之八十的精力耗费在“正确地做事”上，却不是“做正确的事”。这是对未来长远发展绝无好处的事情，应当引起重视。

对于每一位职场人士而言，如果面对那些当务之急采取听之任之的态度，转而去做其他的事，则相当于“从老鼠身上挤奶”，无论花费多少努力也不会取得什么成效。职场人如果耽搁甚至逃避做正确的事情，把精力用在其他的方向上，即便是忙得不可开交，表面上的拼命努力实质上也是在浪费时间。倒不如仔细看看我们手头的“待办事项清单”，上面是否有一些并不对最终目标起作用的事，然后毫不犹豫地把它们删除。

作为企业的管理者，做出决策的层次越高，后果和影响也就越大，承担的责任和风险也就越大，因而对“正确的事”的判断也就显得更为重要。如沃尔玛能够成为世界知名的品牌，与其上层决策投资卫星对沃尔玛在全世界的物流精细化管理有着千丝万缕的联系。可见，对“正确”的准确衡量事关企业的生死存亡。

对麦肯锡的每一位员工来说，如果在工作中没有最终目标，就不可能做出切实的行动，更不可能获得理想的结果。麦肯锡的工作人员之所以能确保自己在做“正确”的事，最显著的原因就是，这些人往往做事之前，就清楚地知道要把任务完成到什么样的效果，因而总是能事半功倍。

一开始时心中就怀有最终目标，能帮助人们很快地确定事情的重要性，它是让人们保证永远走在“做正确的事”的大道上的重要保障。这个“最终目标”会时刻提醒人们：这件事虽然紧急，却并不重要；那件事虽然看起来还可以拖延，但它却有助于向目标更快地迈进。

只有一件事是“正确”的

如果问起全世界的狭小空间当中，最紧张的地方在哪里，那大概就是纽约中央火车站的问询台了。那里每一天都是人潮拥挤，来自各地的旅客争先恐后地提问，并且争相希望能够立即从服务员们那里获得答案。问询处的服务人员压力和工作的紧张程度可想而知。不少咨询人员的工作状态可以用“疲于应对”四个字来形容。

然而，有一个柜台里的服务人员却是例外，他叫贾斯汀。贾斯汀身材瘦小，高高的鼻梁上架着一副黑框眼镜，看起来文文弱弱的。然而他站在柜台前镇定自若，面对大量缺乏耐心和混乱的旅客，贾斯汀都沉着应对。能够承受如此重大的压力，对于一名普通的问询处服务人员来说可以称得上是一个小小的意外了。

一名矮胖身材的妇女来到了他的柜台前。妇女戴着的头巾已被汗水浸湿，脸上写满了焦虑与不安。贾斯汀的半身向前倾斜着，以便准确抓取到妇女说出的每一个单词。他集中精神，透过那副厚镜片看着眼前的妇人回答：“是的，是的。您要去哪里？”

在这个时候，一名穿着考究而入时、一只手提着一个蛇皮箱子、头戴昂贵礼帽的男子，试图抢在他们之前插话问路。但是，服务人员贾斯汀却旁若无人，依然礼貌地跟妇女对话："您要到什么地方去？""春田。""俄亥俄州的春田？""不，是马萨诸塞州的春田。"业务熟练的贾斯汀甚至不需要查看行车时刻表，就立刻回答道："那班车将在十分钟内抵达，在第十五号月台出车。您不需要着急，慢慢走过去就来得及。""是第十五号月台吗？""是的，太太。""第十五号？""是的，十五号。"

戴着头巾的女人刚转过身准备离开，贾斯汀就立刻将注意力移到那位戴礼帽的男子身上。然而不一会儿，戴着头巾的女士又回来问贾斯汀月台的号码。"你刚才说十五号月台？"而这时，贾斯汀的注意力已经集中在跟他对话的下一位旅客身上，对戴头巾的太太的问话置若罔闻。

有同事询问起贾斯汀："您是否能告诉我，在这样吵吵嚷嚷的环境中，您是如何保持冷静、对答如流的？"贾斯汀回答："我并不认为是在跟'公众'对话，只是单独服务好一位旅客，结束掉一位旅客的问题，才开始接待下一位旅客。换而言之，每一天，我只是在服务眼前的这一位旅客。"

在每一天的工作中，一次只为一位旅客服务。不是每个人都能领会到这句话的妙处。许多人在工作中不仅令自己疲惫不堪，而且工作效率也十分低下，很大的原因就在于他们没有依照这个简单的工作方法执行：只有一件事是"正确"的。那些人总在试图让自己在工作中显得更"快"，但是最终的工作效果却是适得其反。不如一次只集中精力于一件事，认准目标，一往无前，直至成功。

麦肯锡公司的咨询人员提出，在商业领域中，许多企业的失败都与这样的问题有关：在对人力资源进行分配的时候，给相对能力强且勤奋的员工分配了过多的任务，导致他们的工作量远超所能承担的最大限度，结果不是在工作中有很多疏漏，就是已完成的工作质量下降飞快。

一个再踏实肯干的员工，他所能够承担的任务的数量也有个限度，过多的工作量会压垮一个原本优秀的职员。被分配过多工作量的员工每天筋疲力尽地奔走在工作之间，留给每个任务的完成时间越来越少，不出现问题是不可能的。与此同时，疲倦的员工每天只忙于完成工作，甚至没有沟通交流的时间，过大的压力和越发糟糕的完成度导致士气低落。从长远来看，对企业的发展是没有好处的。麦肯锡公司的调查小组曾经计算过人力成本和公司效益之间的关系，他们发现，原本打算节约人力成本的企业，为了获取更大的效益，让员工处于“过劳”的状态，然而结果却得不偿失。

从员工个人角度来说，一个不愿意全心全意投入工作的人，其个人潜能的发挥是相当受影响的。一个员工如果想实现他个人能力的突破，首要的一点就是要全心全意地投入到工作中去。各行各业都有其“行家能手”，他们可能算不上是最聪明最有悟性的，但他们在工作的过程中，却是最专注最热心于本职工作的，他们是一群在工作当中最有激情的人。

麦肯锡的咨询人员曾经给职场人士建议说，平时在工作的时候也可以有意识地培养自己对工作的专注力。

第一，对工作范围之外和力所不能及的工作，应当学会适当的拒绝或者摆脱。

第二，工作当中应该明白的是：每个人都只对领导负责。对那些显然在耽搁或破坏你工作进度的人，要有自动忽略的意识。

第三，当专注于眼前的任务时，不要去回想之前的工作进行得如何、是否有纰漏，要有摆脱过去的意识。曾经的错误不应成为思想包袱，过往的荣誉也不是吹嘘的资本。

第四，放弃所有无效的计划。当过去的方向和思路被证明对最终的目标无益，那么就要立刻把它们抛到脑后。摆脱那些干扰，只专注于眼前的道路。

除此之外，麦肯锡的专业人士建议大家提高自己的业务能力。工作能力足够强，就会有高屋建瓴的眼光，容易一下子找到问题的关键，把复杂的事情简单化有助于人快速找到解决问题的方案。有了核心竞争力，还要有足够的耐心把方案落实。专注度固然重要，但还要有足够的耐心坚持到把事情做透，实现最终目标。

“只有一件事是正确的”，这不仅提高了人们工作的专注度，也有助于提高企业效益。

重要的少数和不重要的多数

在平日的工作中，职场人士必须掌握“重要的少数与不重要的多数”这一管理原则，它会让人们的工作更加高效。这个原则最早由意大利的社会学家维弗雷多·帕累托提出，大意是：在一个特定的群体里，重要因素通常只占少数，不重要的因素则占多数，这就意味着只要能控制具有重要性的少数因素，就能够控制全局。

帕累托提出的原理经过多年的发展，成了管理学界熟知的“二八法则”——百分之八十的价值来自百分之二十的因素，其余百分之二十的价值来自百分之八十的因素。以一个简单的事例说明，某保险公司的管理者突发奇想，把客户们按照交易额的大小进行分类。分类的结果让他们有了意外收获：总营业额中超过百分之八十的收入来自客户群体中不足百分之二十的大客户，而另有百分之二十的客户不会给他们增加多少收益，反而会给他们带来不少麻烦，比如细枝末节的苛求或最后时刻提出的改动。这家保险公司一改往日对大小客户一视同仁的营业政策，他们决定集中时间和精力服务百分之八十的大客户。同时，从那些带来最多问题的百分之二十的客户那里解脱出来。这一举措不仅没有影响到该保险公司的收入下降，反而让营业额得以上升。另外，他们也卸下了不少内心的巨大压抑和愤怒情绪。

对于大多数办公室白领来说，这样的原理非常容易被验证。在职场人士每天八小时的工作时间里，真正对公司利益起到作用和价值的，可能仅仅是那一个半小时的付出，这就是重要的百分之二十。其余的百分之八十相对含金量较低，例如，收发邮件和短信、参加个别和自己工作关系不大的会议、处理一些价值不高的紧急小事、在电话里拒绝一些宣传产品或服务的推销员，或是在与客户的会面中聊几句闲话。据说，一名总裁生病住院，医生要求他一天至多只能进行三四个小时的工作，总裁无奈遵从了医嘱。三个月过去了，总裁惊讶地发现他所完成的工作量比起一天八小时的日子来并没有减少。

在存货管理上，“ABC 分类法”就是“二八法则”的化用。管理员将存货分为三类，用 A、B、C 做标记。字母 A 代表“重要的少数”，该类型的存货量少然而价格较高。A 类货物应当受到管理者的重视，包括完整详尽的盘点、充分的订货计划、精心的保管等。C 类的存货则指“不重要的多数”。该类货物数量较多而价值不大，比如公司常用的文件夹、订书钉、纸袋、信封、邮票等办公文具皆属于这类。对这类来说，简直不需有任何存货管理，因为如果施以管理，则所花的费用可能超过这些物品本身的价值。因此在一般情况下，负责存货者发觉这类物品用完时，才设法予以补充。B 类存货则指介乎 C 类与 A 类之间的货品。通常这类货品的存货管理可采用机械化方式进行，即当存货数量降至某一特定数量时，企业应自动增补存货。

在麦肯锡，“二八法则”是必须掌握的一项重要工作方法。许多麦肯锡人士的便笺纸上写道：“避免将时间花费在不重要的多数问题上。”因为即使付出了百分之八十的精力和劳动，也只能取得百分之二十的成效。倒不如把时间用在“重要的少数”问题上，解决这些疑难，只需花百分之二十的时间，即能获得百分之八十的成效。

麦肯锡公司的咨询人员利用“二八法则”帮助过一些企业取得成功。众所周知，传统的立式电冰箱分成上、下两部分，冷冻室位于上端，冷藏室则位于下端。人向冷冻室取放食品时，可以保持站立，但使用冷藏室，只能弯腰或者蹲下。然而我们在平日里，使用冷冻室的机会有百分之二十，而使用冷藏室的机会则有百分之八十，不少家庭主妇会反馈说在使用冰箱时经常下蹲而腰酸背痛。基于这样的事实，麦肯锡公司的研究小组建议某家电器公司在设计电冰箱时，把冷藏室置于上端，而将冷冻室置于下端。结果，这种电冰箱一经面世就大受欢迎，很快就被销售一空。

除此之外，某品牌钟表也得益于麦肯锡公司的建议。麦肯锡的研究小组发现该企业在所生产的各类钟表型号中，有接近四分之一的型号的销售额只占年销售额的百分之三。麦肯锡的工作人员很快就向钟表企业的高层提出了建议：停止滞销型号钟表的制造。对方采纳了麦肯锡工作人员的建议，时间过去了将近半年，该钟表品牌的收益有了明显的增长。

麦肯锡的工作人员介绍说，“二八法则”有助于让人们对消极的事物怀有积极的态度。例如，一些人对社会环境缺乏安全感，其实百分之八十的犯罪事件是由百分之二十的罪犯所为。在街头所抓获的那些偷窃或抢劫犯几乎都有过犯罪记录。同样的道理，当你与其他公司或产品接触时，遭遇粗鲁无礼的客服代表的概率很可能只有很小一部分比例，这就足以让你重新评判对该公司的整体印象。因此，麦肯锡的员工在处理突发事件时总是更加沉稳和镇定。

同样地，生活中百分之八十的不愉快很可能只是由于百分之二十的小事。例如，个别同事的求助占用了你百分之八十的时间，而帮助他们几乎不能让你获得什么回报，可你却不好意思拒绝。是时候重新分配周围同事接近你的机会了，要把更多的时间留给能给可你带来更多回报的同事身上。又如和伴侣吵架，虽然可能仅仅占去你精力的一小部分，但却会影响到你一天的情绪。而你跟伴侣吵架的百分之八十的原因是因为百分之二十的做家务、看护小孩等有限的几件事。换一个思路看待生活，它将变得更美好。面对百分之二十的烦心和不愉快，最好的应对策略是多做百分之八十能带来正面意义的事情，从而让消极的情绪无处立足。

做事的秘诀首先是次序的排列

职场当中，一个人难免会被各种琐事纠缠，被弄得筋疲力尽、心烦意乱，总是不能静下心来去集中精力完成任务，或者是根本就不知道哪些是最应该做的事，结果白白浪费了时间，也没有取得很好的工作效率。

对那些纷繁的事务，人们总是不能很好地安排次序。大多人习惯于先做喜欢做的事，再做不喜欢做的事；先做容易的事，再做难做的事；先做紧迫的事，再做不紧迫的事；先做有趣的事，再做枯燥的事。显而易见的是，这些习惯都不利于提高工作的效率。

那么，在一系列待办事项之中，哪些事项应先着手处理？对这个存在于许多人头脑中的困惑，麦肯锡公司给出的答案是：应按事情的“重要程度”排列的优先次序。这里的“重要程度”，即指对完成最终目标做出的贡献大小。对实现最终目标越有贡献的事，越属于“重要的事”，它们越应被重视以及得到优先处理；对实现最终目标意义不大或者无意义的事情，越不重要，越是应当把它们的处理计划延后。大体说来，确定事务次序的排列，就是根据“我现在做的，是否使我更接近目标”这一原则来做出判断。

麦肯锡公司的每一名员工都养成了“依据任务的重要程度来安排处理事件”的思维习惯和工作方法。就像我们在第一章里面讲的那样，二八法则是麦肯锡人都必须掌握的一种思维方式，麦肯锡精英们在开始每一项工作之前，总是习惯于先弄清楚哪些事情的重要程度最高，哪些事情的重要性次之，哪些事无足轻重，无论它们紧急与否。他们对待每一项工作都是如此，甚至每一年或更长时间的工作也是如此。

但凡工作效率较低的人，每天百分之八十的时间和精力都花在了“紧急的事”上。这一现象从侧面反映出，人们习惯按照事情的“缓急程度”来决定做事的优先次序。遗憾的是，在多数情况下，许多紧急的事并不重要，而越是重要的事偏偏越是不紧急。例如，一个改进运营方式的好点子迟迟没有向上级汇报，一直处于空白状态的下个月规划，甚至个人的健康检查等，这些事情不可或缺，却没有引起足够的重视。反而是一些不甚重要的电话、来访、报表等，容易拖慢人们的工作进度。所以，在麦肯锡公司，在每一位新员工的培训会上都要强调：做要事，而不是做急事。这也让麦肯锡公司在行业内常处于优势。

把事务分为四个层次，然后再根据不同层次来确定事务的优先级，这便能极大地提高工作的效率。对于最紧迫的事务，最先去解决，并投注以最大的精力，这可以帮助麦肯锡人将精力尽可能地放在最有价值的地方。

这种通过对事务紧迫性进行区分的方式，可以促使人更加专注，而专注则是人解决问题所必不可少的一项内在因素。

1986年美国布朗大学社会学院教授进行了一项实验，他在得克萨斯州的首府奥斯汀市随机选择了二十位成功人士和二十位普通市民参与到实验当中，这四十位参与者都没有参加过射击的专业训练。

实验是这样的：约尔让这四十位参与者来到靶场，然后朝制定的靶位射击，他调整了靶子的距离以降低射击难度，在最初的第一百发子弹中，成功人士组和普通市民组没有明显的区别，大家普遍的命中率都在85%以上，五环之内命中率则在23%～33%。

在此之后，约尔又开始了第二轮射击实验，不过在这次射击的过程中，约尔试图用一些其他因素对射击者进行干扰，比如在耳麦中与之交谈，在靶子的周边放一些吸引人注意的画片，等等。

最终第二次实验的结果是这样的：成功人士组的平均命中率降到了73%，五环之内的命中率则降到了25%，而普通市民一组的命中率则掉落到了66%，五环之内的命中率则低至11%。在这次试验之后，约尔得出了这样的结论，那就是相对于普通人，成功者往往更能够将注意力集中到当前最紧要的事务上来。

如果射击是当前最紧要的事，那成功者的思维就是将射击放在第一位上，而不是耗费精力去管其他的事情。但不幸的是，很多人就是无法做到这一点，明明有更紧要的事情在面前，他们却依然要分神去关注那些次要甚至是无关紧要的事情。

仔细思考自己一天当中的时间安排，你的时间用在哪些事务上面？如果绝大多数时候都用来处理重要又紧急的事务，可以想象你每天的繁忙程度。如此的生活模式会耗费你巨大的精力，甚至以透支身体为代价。倘若长期如此，早晚有一天你会被压力弄得焦头烂额、疲惫不堪。

重要又紧急的事务是怎样产生的？都是从重要但不紧急的事务或不重要但紧急的事务中演变过来的。换句话说，正是因为你对事务不合理的排序，让那些本来可以从容解决的事务，变得紧张了起来，让那些专注就可以处理好的事务，变得琐碎了起来。

只有当你的大多数时间被用来处理重要但不紧急的事务时，才能既保证你的事业顺利，也表明了你生活品质是较高的。尽管这些事不紧急，但是它们却决定了你的教育、发展、职业前途等。

选择之后的执行如何保证效率

工作是一门艺术，它有章法可循，不能眉毛胡子一把抓，要分轻重缓急。如此才能按部就班地把事情做得有节奏、有条理，达到良好的效果。按照麦肯锡工作人员提供的方法，分清了事情的重要程度，接下来就是执行问题。

伯利恒钢铁公司的总裁查理斯·舒瓦普曾就效率问题与他的老友艾维见面，艾维先生是时间管理方面的专家。舒瓦普向艾维先生大吐苦水，说他公司的问题一个接一个，让他应接不暇。艾维先生安慰了老友，并且说他有信心能帮助舒瓦普，让伯利恒钢铁公司发展得更好。舒瓦普说，自己在管理方面也掌握了不少知识，然而对公司的问题却找不出好的解决方法。为了表示出诚意，舒瓦普对艾维说：“应该做什么，我自己是清楚的。如果你能提出如何更好地把理论执行下去，我完全听从你的安排。当然，在合理范围内价钱随你决定。”

艾维笑着对舒瓦普说，自己可以在十分钟内交给舒瓦普一件东西，这件神奇的东西能使舒瓦普的钢铁公司的业绩提高至少百分之十五。舒瓦普惊讶地睁大了眼睛，又很快恢复了平静，眼神中流露出些许的怀疑。艾维很快递给舒瓦普先生一支笔和一张纸条，对舒瓦普先生交代道："在这张纸上写下你明天要做的最重要的六件事。"舒瓦普不解，但还是照做了。艾维接着说："现在，用数字标明每件事情对于你的公司的重要性的次序。"舒瓦普毕竟是商业大亨，这件事他也很快地完成了。艾维笑着对舒瓦普说："现在把这张纸放进口袋。明天早上你到公司后，第一件事情就是把这张纸条拿出来，做第一项。不要看其他的事项，只看第一项。着手办第一件事，直至完成为止。然后用同样方法对待第二件事、第三件事……直到你下班为止。如果你发现一天之内只做完第一件事情，也不要担心。因为你总是做着最重要的事情。"

舒瓦普十分震惊，不禁大声叫道："我绞尽脑汁想不出解决之道，这样简单的一个主意就可以解决了？"艾维平静地答道："相信我，每一天都要这样做。当你对这种方法的价值深信不疑之后，让你公司下属们也这样干。这个实验你爱做多久就做多久，然后给我寄支票来，你认为值多少就给我多少。"

这次见面居然花了不到半个小时。几个星期后，艾维收到了一张 2.5 万美金的支票，落款赫然写着"查理斯·舒瓦普"。随同支票一起寄来的，还有一封舒瓦普先生的亲笔信。信上说，艾维给他上了最有价值的一课。五年之后，这个当年不为人知的小钢铁厂一跃成为世界上最大的独立钢铁厂，时间管理专家艾维先生功不可没。

麦肯锡的企业文化十分重视计划的执行。麦肯锡的一名管理者罗伯特说："把一天的事情做好，这对每一个想要成就大事的人都是十分关键的。一个人的工作能力有多强，很大程度上取决于他是否能每时每刻集中精力处理要做的事。"打好这样的基础十分重要，因为有了高效，把一周、一个月、一年的时间安排好才成为可能。

麦肯锡公司的观点得到了许多有识之士的认同。电脑行业的巨头罗斯先生有过这样的感慨：“凡是优秀的、值得称道的东西，每时每刻都处在刀刃上，要不断努力才能保持刀刃的锋利。”罗斯先生同样认识到，在人们确定了事情的重要程度之后，不代表人们自动就会把这些事处理好，很可能还要花费许多力气。始终要把应当做的事情摆在第一位，肯定要费很大的劲。

这就要求人们在完成任务之前做一些准备。第一，要对将要做的事情有一个大致的评估，可以从目标、回报、满足感等方面入手，并对任务的重要性进行事先判断。这么做的目的是让人们对任务引起足够的重视。第二，是去除那些不必要做的事情，尤其是并不在你职责范畴内的事情。对不合理的要求，要学会说“不”。第三，把必须要做的事情记录下来，包括完成任务需要多长时间，能够通过什么途径获取信息等。接下来是工作的完成。我们说，办事要遵循一定的次序，但并不意味着在任务开始进行之前不进行统筹安排。管理学里面把工作一件一件依次完成的办法叫作“垂直型工作”。如果只看到一点，不顾其余，对任务整体的完成度就会有所影响。不如事先进行适当的总体规划，完成任务的时候也会顺利得多。

如果同时遇见几项任务，它们互不相同，却在性质上有着类似之处，互有联系又服务于同一目标，你就可以考虑把几项工作合在一起，利用它们的相似或者相关性，一并加以解决。这么做的好处是减少重复劳动的时间。

在作息的安排上可以根据实际的情况灵活调整。有时候可以打破自然的时间顺序，对工作进行灵活的安排。例如，一天下来精疲力竭，而晚上又参加一门培训课程，你就可以见缝插针地休息，比如在地铁上闭目养神。

在条件允许的情况下，尽可能把跨度较大的工作内容互相穿插。特别是在重复劳动的过程中可以适当地插入一些其他类型的工作。例如，你打算用一下午时间写报告，那么在这期间可以抽时间接待一位客户，给大脑一个放松的机会，又如利用整个上午参加了两场会议，那么就可以把下午的时间用作市场调研。

另外还有一些小的诀窍，如能打电话就不发送邮件，需要写信的改为言简意赅的便条，一些不必要的出访也可以改为电话联系等。对于一些经常接触的询问，可以抽时间专门准备好标准答复。

第六章　有效的沟通意味着有效的工作

协作的前提是，确定要解决什么问题

假如谈及全球最负声望的企业管理顾问公司，许多人第一个想到的一定是麦肯锡。麦肯锡公司的服务虽收费昂贵，但却从来不为自己做广告。就是这样一个低调的公司，却常年居于“全美 MBA 最想就职的企业榜”榜首位置。多少年来，不知多少世界知名企业付费给麦肯锡公司的顾问，向他们求助，以求得到解决方案。日本的管理学大师织本贺曾将顾问工作简述为：“为企业找出他们自己无法解决的问题，并且提供解决对策，然后再对委托的企业进行提案。”他又以幽默的口吻总结道：“顾问公司的业绩，仰赖于企业缺乏解决问题的能力。”

织本贺先生曾经在麦肯锡公司供职将近二十年。他曾经帮助数千个企业解答发展难题，介绍沟通经验。20 世纪 90 年代“空降”IBM 公司的格斯纳也出身于麦肯锡公司，他在个人传记中写道，自己在麦肯锡领略了人人都可自由参与解决问题、不必拘泥于对方身份地位的方法。离开了麦肯锡，进入大型企业之后，格斯纳却发现开诚布公地交换意见的场景很难重现。

在麦肯锡，沟通和协作是必修课程。在与人协作的过程中，首先要确定解决什么问题。虽然对普通人而言，一生当中可能根本碰不到一次要解决攸关企业生死的大问题的机会，但是决断的能力是必不可少的。

麦肯锡一家分公司的董事说："麦肯锡的员工在刚刚进入公司的时候，第一次接触客户，就被上司要求说出问题的核心在哪里。"作为新晋的职员，他们的内心难免浮现出"我怎么知道"的惊叹，但是上司会要求他们在极短的时间内把事件抽丝剥茧，把资料合并汇整，确定针对客户要解决的问题的假设和大致方向。解决问题自然不能凭借一时兴起而处理，而明确的目标性是麦肯锡人的制胜法宝。一些麦肯锡的咨询人员已经能够在第一次会议上就把问题解决，这得益于他们在平时的工作中养成了以目标为导向的习惯，在谈合作之前就能够确定要解决的问题。

现实当中，麦肯锡公司跟客户之间合作的任何一个案例，都始于界定问题，即理清问题的脉络。其中包括归纳问题的范畴、了解服务的对象、找出双方最关切的问题、认清在解决问题过程中的限制和顾虑、客户需要得到什么样的答案及答案的精准度等。

曾在麦肯锡纽约分公司任职的伊恩回忆起他在麦肯锡的时光提到："在麦肯锡，我和我的团队发现有时候客户并不能明白自己的麻烦出在哪里。"因此，麦肯锡的职员们并不能因此就把接下的案子当成处理问题的范本，他们还需要深入地收集材料、提出疑问、调查研究，之后再正式地提交一份"问题陈述"。麦肯锡的工作人员在处理案子的过程中再三与客户沟通就是为了弄清楚真正有待解决的问题。

麦肯锡的老员工们常常对新人们讲："要明智地工作，而不是辛苦地工作。"毕竟，在纷繁复杂的报表中，跟某个案子相关的数据多且杂，员工要能够根据这些数据做出很多分析。然而，在确定了要解决的问题之后，其中大部分的数据都应该被忽略。麦肯锡的咨询人员要做的，只是基于目的的分析，而进行再多余的分析就属于浪费时间和精力了。

下班后，新加入麦肯锡的安德鲁依然坐在办公室，起草关于客户企业的竞争对手的“事实集录”。

安德鲁已经收集了成堆的关于那家公司的数据，他正在绞尽脑汁想要从中提取出问题的症结所在。不知不觉间，麦肯锡的项目经理维克多进入了办公室，手中正拿着公事包和外套准备下班。

维克多询问安德鲁工作的进度，安德鲁回答道：“工作进行得很顺利。但是，我希望能够更充分地总结。”

维克多拿起安德鲁的草案，顺手翻了翻，随后说道：“安德鲁，现在已经晚上 10 点半了。你是个非常勤奋的员工，客户也会喜欢你。不过，我们不能强迫自己尽善尽美，没有人能够分析出所有的事情。”

在协作的时候，要找出问题最紧要的部分，一旦知道你所抓住的关键点已经足够时，就宣告结束。如果继续下去，你花费的时间和精力都将收效甚微。

要提高发现事情症结所在的能力，首先不能产生恐惧心理。要避免“如果问题无法得到解决就会很丢脸”的心理，尽可能多地承担任务并跟人合作，并全心全意地投入事务当中。要知道，解决的问题越多，个人能力就越强。

协作之前确定要解决什么问题，就意味着此前已经针对问题做了充分的调查研究。怀着认真的态度做好一件事，比对很多事情都仅知皮毛要强得多。麦肯锡的咨询人员说：“比其他事情更重要的是，一个职场人需要知道怎样将一件事情做好；与其他有能力做这件事的人相比，如果你能做得更好，那么你就永远不会失业。”走好协作的第一步，就是能力提高的第一步。

确信协调最终要得到何种结果

在确定了沟通所要解决的问题之后，还要明确协调最终所要达到的结果。例如，当你和伴侣准备因为她总是不做家务进行协商时，你需要先询问自己所希望的结果是什么，如“我希望她也能参与到家务活动中来”，以及你不希望看到的情况是什么，如“她可能会歇斯底里”“她可能会很受伤害”。之后冷静地思考一下，沟通的过程中该如何获得你想要的结果，又该如何规避你不想看到的情况。就家务沟通的问题来讲，你可以这样告诉自己：“我想要跟你一起制定一张家务分配表，但我更希望我们不要发生争吵。所以我在说话的过程中会控制自己的语气，万一她的情绪开始激动起来，我就再缓和点。”

协调的过程可能受到诸多外在因素的影响。例如，你和同事正在共同完成一件时间紧迫的工作任务，而同事正在消极怠工。你知道必须要争取同事跟你一起努力，但如果处理不当就很容易影响同事之间的关系，又如你的伴侣说了些让你感到难过的话，然而你知道对方工作十分疲惫，你不愿意影响对方的心情，因此很犹豫是否要告诉对方自己的感受。因此，在协调之前要确信沟通的结果，这对事情的解决是很有利的。

在沟通前想清楚自己需要达到什么样的结果的另一个好处，就是使自己始终能够控制沟通的“方向”，一旦协调的方向有所偏离，你便能首先意识到，并且能尽快把话题引入你想要的道路上，如此既节约了时间，也能避免无谓的纠缠。

麦肯锡的员工把这一条准则成功地运用到商业活动中来。咨询人员建议广大商业人士：要对所要解决的产品和领域有充足的了解，能在三十秒之内将销售内容向客户或者投资者解释清楚。如果你做不到，就必须回去“补课”，把自己的任务了解清楚后再向他人推销自己的方案。

假设现在是一个盛大的产品说明会。你和你的团队熬了整夜去修订你们的蓝皮书，再三校读，直至确定每一个字母 i 头上都不缺少那一点。你们穿上了平日里舍不得拿出来的套装，你们的郑重程度不亚于参加盛大的酒会。在摩天大楼的董事会会议上，不少知名企业的高管纷纷落座，等待聆听麦肯锡咨询人员给他们带来新的灵感火花。就在这时，首席执行官风风火火地进入了会议室，对在场人员说道：“对不起，伙伴们，我必须走了，要去见我们的律师。”首席执行官转过身问你：“跟我一起乘电梯下去，把你的见解讲给我听听？”电梯下行的全过程需要三十秒。你能言简意赅地把你的想法告诉他吗？这就是著名的“电梯测验”。

你该怎样把团队苦苦做了几个月的成果用三十秒时间向首席执行官说明？客户最想知道的是麦肯锡对他们公司的建议，以及采取某种方案的盈利情况。如果你和团队有许多建议，可以先把最关键的三条说出来，细节部分暂时忽略。例如，你和团队研究的结果是：客户之所以销售业绩有所下降，是因为其销售团队是按照区域来组织的，而事实上应当按照购买者的不同类型来组织。你最重要的任务就是把这一结论传达给对方并获得支持。关于这个结论的支撑资料，你们可能有一些对销售人员的访问和分析、按照购买者的类型所做的调查、针对批发商和零售商所做的访问资料等。电梯里只有短短三十秒，当你以结果为导向，就可以言简意赅地告诉首席执行官："我们研究认为，如果您能够按照购买者的不同类型来重新组建销售队伍，只需要花费不到两年的时间，销量就可以提高百分之四十。细节问题我们随后讨论。祝您跟律师会谈愉快。"

如何在短短三十秒内达到你想要得到的结果，成了许多公司重点培训员工的技能。宝洁公司要求旗下的管理人员随身携带一页纸的备忘。一位著名的好莱坞制片人，每次讲到一个新剧本，都会对剧作者说"给我子弹"。剧作者获得了三十秒的机会把最好的内容讲给制片人听，如果吸引制片人，那么他就能得到进一步详谈的机会。

并不是每一次发出的沟通都能行之有效。在你青少年时期，或许有过向父母请求买一台新电脑的经历。你对父母说："约翰有了台苹果电脑，性能相当不错。"而父母仅仅是平淡地回应了你，如果你没有进一步协调，那么你的计划就基本破产了。人们在沟通时的目的并不总是那么明确，这也造成了许多毫无成效的沟通。

为什么我们如此强调要明确谈判所要达成的结果？假设你跟对方进行了长达数月的谈判，其间反复不定。你感到不能再拖下去了，于是把自己的最终目的告诉了对方。然而对方这样答复你："很好，我很欣赏你的灵活性。我想告诉我的上级，告诉他们给你的意见。"结果不明让你处在了被动地位，谈判还在继续，而你已经失去了主动权。

当然，协商要达到怎样的结果，并不是你从一开始就一定能够确知的。协调的双方是相互依存的，沟通的质量受到两个人各自的情绪、态度、思维等影响。你和对方的协调需要磨合，但是为了确保沟通的顺利进行，你依然应当尽快、尽可能多地达成一些共识，把问题向你要达到的目标进行引导。

结论先行，次序表达

在有效沟通的过程中，理清表达思想的顺序，是实现条理清晰的沟通的正确方式，而清晰的思路，就在于先把总结性的话语放在前面，再用具体思想加以阐述。许多麦肯锡的员工的办公桌上有这样一张便笺："结论先行"。

麦肯锡的咨询人员中流传着这样一则笑话：有一位经理下午出去开会，刚刚回到公司还没落座，就见到一名职员急匆匆地向他跑来："出大事了！我们的货物出了问题，因为少办一项必要的手续，货物被押在海关，迟迟上不了飞机。"那位经理听了这番话，因为一向血压偏高，差点晕倒在座椅上。谁知道，职员笑嘻嘻地继续说："幸亏我及时赶过去，找了人把手续补办，咱们的货物及时赶上了航班，现在这个时候应该快要到了。"

需要知道的是，讲话者和听话者的知识背景千差万别，二者很难对同样的表达做出相同的解读。例如，你试图用一些话语铺垫出另一番结论，然而听者可能认为这两段话没有任何关联。如果你不事先告知对方你的某一组话语间的逻辑关系，听者的理解就可能是千差万别的。

想象自己在酒吧喝酒，你的兄弟坐在身边说："哥们儿，上周我去了趟约克郡。你知道，约克郡的那些家伙一向保守。我和朋友们去了一家露天餐厅吃饭，不到半个小时，我至少见到十六个蓄须的人。"

于是你开始展开联想，认为兄弟正在向你传达"约克郡已经不再保守了"。

然而你的兄弟紧接着说："你知道，如果你在华盛顿的任何高层写字楼走一走，就会发现没有任何一个不蓄须或留长发的家伙。"你已经对兄弟的话感到云里雾里了。

兄弟紧接着说："看看咱们纽约，蓄须早就是城市的一道风景了。"

你恍然大悟：原来兄弟要说的是纽约相比于其他城市更加追求时尚。

你的兄弟想的却是："男人蓄须和长发竟然如此普遍，简直难以置信。"

站在听者的角度，每个人都希望别人和自己交流时能够直奔主题。因为在听他人一步步去叙说时需要花费精力去猜想讲话者的意思，而我们本可以不在这里浪费精力，还有许多重要的事等着我们去做。因此，作为叙述者也应当注意先抛结论再谈细节，给别人节省一些时间和精力。

每个人都喜欢被别人认定为一个思维清晰、表达能力强的人。麦肯锡的工作人员建议商业人士：如果你想锻炼或养成具备逻辑性的思维和表达习惯，那么工作中的每一件事项都应首先在脑中努力呈现出最终结论，这一方案在实践中被证明是个有效的方法。记住，无论你用假设也好，预测也好，冥想也好，都要让自己的结论领先一步呈现出来。

"结论先行，次序表达"的背后有更为深刻的内涵支撑。根据麦肯锡研究小组的一份报告得出的结论，这句话至少可以说明三个沟通的原则。

第一，当你想要向他人表达自己的想法时，你要把你的结论放在第一个说出来。

比如你准备写一篇报告，或是回答咨询者的疑问，或要告诉同事们你的一个新发现，甚或你需要说服客户购买你的产品，为了达到最佳的效果，最好的选择是第一时间抛出你的观点或结论，不必担心对方是否认同。如果你的结论正是对方关心的、对问题的解决又起到推动作用、有价值又言简意赅，那么通过“结论先行”的方式将迫使对方产生好奇心，对方会想要问问为什么会是这样的情况，你为什么能得出这样的结论和思想。一旦引起了听者的兴趣，他们必然会从你后面的具体阐释当中寻求答案。OK，你的第一步就大功告成，对方愿意听你进一步沟通了，或者愿意认真看你的报告了。

如果你接下来给出的论据和理由又合情合理，那么恭喜你，你的报告就会被董事会通过，咨询者的疑问得到解答，你的新观点被同事们接受，你们公司的产品有更大的机会被销售出去。从本质上说，你日常的工作不正是天天在忙这些事情吗？如果你能够做到“结论先行”，无论你面对的人是否接受你的观点，但至少他很清楚你在做什么，准备得到怎样的结果；对方也将更加愿意与你相处，因为你的语言表达方式大大减轻了他的思考精力和宝贵时间；同时对方也会认为你的逻辑思维很强大，是个值得信赖的人。简而言之，你的说话模式应当是这样：我有一个认识，列出你的理由一、二、三。

第二，表达你的观点想法需要婉转的语言，但同时脑中也应当结论先行。

前一条原则更加适合在工作中进行的内部讨论，会更加节省时间、提高效率，而在现实里与他人打交道的时候，往往不能表达得那么直接。或者对你而言，在正式的协调工作当中，“婉转表达”比“结论先行”更容易让对方接受。每个人都有不同的脾气秉性，对方的情绪、尊严是需要关注的。如果你能够做到先在脑中明确自己的结论，也就是自己说出此番话的目的，预先准备充足的理由来应对对方的疑问，然后再依据人性中的好奇心和对方的性格特点，在恰当的时机把话题导入你的结论，引起对方追根问底的好奇心，那么这样的表达效果将会更好。

第三，面对纷繁复杂的信息，“结论先行”能够让你在最短时间内理出头绪，及时走出困境。

人们对在工作中焦头烂额的感觉都不陌生。那时候的你，找不出问题的源头和规律，无法做出正确的决策。在这种时候，“结论先行”的原则将发挥出巨大的作用。不管你是多么没有头绪，都要强迫自己做一个结论，当然这一结论也许仅仅是个假设。下面你所要做的，就是跟自己对话，为自己找出理由和原因。

既然你的结论已经得出来了，接下来要做的就是予以证明，那么这些繁杂的信息就必然乖乖地沿着你的思路被理顺。在理清逻辑的过程中，你肯定会发现一些不合理的地方，那么你可以删掉之前那个假设的结论。接着重新假设出一个结论，重新整理针对结论的论据，几次过后，真正的结论就已经清晰可辨了。

麦肯锡的咨询人员提醒商业人士：“结论先行，次序表达”的使用范围十分广泛，在实际的使用过程中可以随时加入新的灵感。

组织好信息再表达

商业活动中，每个人的时间都是如此宝贵，这就要求在沟通之前组织好语言。人与人的语言组织能力是不相同的，它分为两个层面：

第一，脑力思考层。这一层面属于内在层面，意思是指在人接收到信息的时候，大脑会非常有组织性地将接收到的信息按照不同层面、不同角度、不同思维的方式拆分成若干个能够组成这一事件的基本条件。由此，它们在你脑中也形成很清晰的脉络，把问题在脑中拆解开，既节省了思考的时间，同时也保证了问题的正确性。

第二，语言组织表达层。这一层面属于外在层面，意思是对脑力思考层分解出的几个部分加以总结和表述。前文已经指出，有效地表述自己的思想是一件非常重要的事，因此，表达的准确性、适应性、延续性都是这一层面的重点。众所周知，准确性就是要精准地表达出自己的思想，减少歧义发生的概率。适应性，就是要根据环境、场合、对象的不同，组织出最合适的表述方式。延续性，就是在表述的过程中要注意技巧，不能是百分之百的完全表述，而是需要留下一些“潜台词”，吸引对方进行有针对性的提问和补充，达到互动的作用，也可以在这种问答的过程中进一步了解和分析对方的思维方式和需求，这在交流的过程中也会更加灵活地对待话题的转换。

既然沟通过程中组织好信息如此重要，那么，为什么会有人在沟通的过程中组织不好语言信息呢？麦肯锡的咨询人员提杰·亚尔弗列得经过研究，在他的半自传性质的《我在麦肯锡学沟通》一书中，把这一现象归纳为如下成因：

第一，脑中词汇储备混乱。那些无法恰当组织好语言信息的人，每次说话前准备使用的那些词汇，在他们的脑海中还没有稳定的“根基”。这里所谓的“根基不稳”，是指还没有详细地分析过那些词的特定用法，每个单词在不同语境下的意义和含义，尤其是在不同情境下的含义。所有词汇只是在他们的大脑中被匆匆写在小卡片上随意留存，当他们在紧急的时候想要从脑子里抽取一个写着词汇的卡片来表达个人观点时，看看这个、瞅瞅那个，无法果断地抽取出合适的卡片，表达混乱的现象就在所难免了。

第二，实战循环次数太少。就是实际与人沟通协调的练习比较少。大脑中存储的词汇再丰富、意义再明确，依旧不能代表最终使用的效果。有效的沟通是在模拟和实战中不断练就的。在臻于完美的过程中，一些不必要的过分细致最终会被抹掉；另一些必须掌握的词汇和沟通技巧要在实战中添加到储备中；还有一些需要慢慢修正思路。

提杰先生在书中指出，对大多数无法组织好表达信息的人来说，以上两个问题基本上同时存在，但二者的重要性是有先后之别的。能够进行有效沟通的早期阶段，词汇和语句的储备是最重要的，这一点需要人们各自查缺补漏。在储备基本到位的时候，实战中演练更重要，这就需要在日常的沟通交流中多动动脑筋了。

另有一些人会在沟通的过程中出现语序混乱、前后不对应的情况。这个问题相较于之前的两点，是个基本功的问题，需要长期花费精力去积累。短期的积累往往是看不到成效的。

除去这些关于沟通的“基本功”问题，提杰还提到了个别无法清晰定义的东西，这会对沟通时信息的组织产生影响。例如，接受能力、反应速度、心态控制，这些因素不是可以简单说明的。

那么，应当如何提升自己组织信息的能力？麦肯锡研究小组同样给出了一些行之有效的方案。

首先是要具备结构化的思维，才谈得上有逻辑、准确清晰的形象化表达。当我们在沟通的过程中的技能和经验在朝着模式化转化的时候，更多的是归纳的过程。同时，当我们把归纳的结果向他人传递的时候，则更多需要的是演绎的能力。

想要具备结构化的思维，你就需要勤学苦练，通过不同场景下的实践来进行自我总结，以求发现事物的通用本质和共性的内容，从而找到一些通用的方法论和模式，在这个过程中培养自己归纳的能力。归纳能力更多属于左脑思维，需要的是逻辑分析能力、结构化思考能力、计划安排、分解和提取的能力。

组织好相应的内容之后应当如何传达？提杰在书中指出，一个是开门见山的从根基到分支的分解；另一个是分解的方法要遵从 MECE 原则，保证各分支的完全穷尽和相互独立。结构化思维本身，即强调了在某人传播观点的时候其实是把自己的思维进行演绎的过程。

人们在吸收知识的时候更多的是用的右脑，右脑强调的是感性，对图形、直觉和形象更为敏感。因此在演绎的时候，需要考虑的是如何进行更加形象化和图形化的演绎过程。例如，通过讲故事的方式来演绎，把内容描述得更加生动和容易理解。

归纳强调理性、逻辑和结构化，演绎则强调感性、形象和故事化。归纳的过程是自我思维总结的过程，演绎的过程是把总结出来的东西向他人传播的过程，归纳更多是智商和理论知识的积累，演绎更多是情商和沟通表达的水平。

麦肯锡在对新员工进行培训的时候，从一开始就注重员工的逻辑思维和对信息的表达能力的培养。麦肯锡的领导层为新员工提出了如下的建议：

第一，夯实基础。闲暇时间要有针对性地积累一些词汇、短语、事件。至少备下几本权威的词典和百科书，把之前积累当中不够准确的精细化，记忆有误差的重新进行积累。假以时日，效果自然显著。

第二，积极阅读，同时尝试写作。至于读什么、写什么，不要带着太多的功利心态。最终，条条大路通罗马。在和词句亲密接触的过程中，语感和逻辑思维自然而然会培养成。有书本和键盘陪伴你的日子将裨益良多。

造成协调无效的根本原因

被业界誉为“经营之神”的松下幸之助有句名言：“企业管理过去是沟通，现在是沟通，未来还是沟通。”麦肯锡公司内部也有类似的话语：“管理者的真正工作就是沟通。不管什么时候，企业管理都离不开沟通。”

现实中的沟通场景不计其数，有成功的沟通，也有无效的沟通。无论是个人还是组织，为了树立形象、提高知名度，都会想方设法与各个层次的利益相关者进行沟通，以获得他们的理解与支持。然而如果沟通不得当，便不能获得理想的效果，“传而不达”的现象经常出现。总结起来，到底是什么原因导致沟通无效呢？

麦肯锡的咨询人员经过多年的归纳和论证，大体上得出了以下几个原因：

第一，沟通中大量使用专业术语。当说话人使用专业术语的时候，这在实际效果中起到了暗示的作用：目标受众与发出信息的人不在一个领域中。使用专业术语原本是为了提高表达的精准度，但在具体跟人沟通的过程中，一定要站在受众的角度去考虑问题。如果大量使用专业术语，受众会不明白专业术语的含义，如此的沟通就是无效的。

第二，沟通时对表象的重视程度高于内容。如同做一本书，所有的插图和版面设计，只是为了让文字更加通俗易懂，但过于浮夸的形式会喧宾夺主，抢了内容的光芒。对于沟通而言，形式是重要的，但更为重要的是内容。好的形式对于内容来说就是锦上添花，好的形式能够让内容更加出彩，而缺乏好内容，再美的形式也没有任何效果。

第三，沟通的过程中欠缺基本的表达能力。除了少数专业人士，大部分人日常所使用的语言只是做到基本的表达，而当需要向对方展示某些复杂或特殊的内容时，未经过训练的人往往会有词不达意的现象产生。如今的工作越来越精细化，这就要求人们必须提高表达能力，无论是公司的内部沟通还是和外界的沟通。

即使在麦肯锡这样自由度很高的企业，也没有人能够包揽所有的任务，个体的发展越来越离不开群体。在麦肯锡，无论是作为咨询人员个体，还是整个咨询专家团，想要走得更长远，都需要具备良好的沟通能力。对于任何商业人士而言，拥有良好的沟通能力是在职场中顺利发展的重要前提。麦肯锡的工作人员总结出避免协调无效的几个应对方案。

第一，保持自信又不失风度。在事业上小有成就的人，不会随波逐流或唯唯诺诺。他们虽凡事有自己的想法与作风，却虚心听取别人的意见，很少对同事或者下属大吼，甚至连争辩的情况都极为罕见。正是由于他们对自身充分了解，并且善待自己、悦纳自己，因此自信是他们最好的个人标签，足够自信的人才能在协调时有效地说服他人。

第二，沟通中注意体谅他人的行为。这一条之中包含“体谅对方”与“表达自我”两个方面。所谓体谅，是指设身处地为接受信息的人着想，并且充分尊重对方的感受与需要。商业经营实际上是与人打交道，当你想向对方表示体谅与关心，唯有设身处地为对方着想。基于了解与尊重，对方也会更加体谅你的立场，从而做出更积极而善意的回应。

第三，在协调出现不和谐时，适当地提示对方。沟通中的矛盾与误会是在所难免的，如果是对方一时陷入混乱，你可以礼貌地提醒对方信守承诺，如果对方刻意违约，恰当的提示就是为了告诉对方自己没有遗忘事实，并表达出希望对方信守诺言的态度。

第四，沟通需要高效和直接。一位知名的谈判专家在分享他的成功谈判经验时说：“我在各个国际商谈场合中，时常会以‘我觉得’（说出自己的感受）、‘我希望’（说出自己的要求或期望）为开端，结果常会令人极为满意。”其实，这种行为就是直言不讳地把你的要求与感受告知对方，高效直接的表达将有助于建立良好的人际关系。讲究直接沟通的同时，还要做到“三不谈”：时间不恰当不谈，气氛不恰当不谈，对象不恰当不谈。

商业人士普遍了解这样一个事实：会议是把团队紧密联系在一起的黏合剂。团队会议中，有益的信息将充分流动，并且提供某种程度上的社会联系。团队会议的存在本身就能够提醒每一位出席会议的人士，大家都是团队中的一员。

苏珊娜曾经在麦肯锡担任项目经理，她认为会议成功的关键就是确保会议过程中每个人都参与，并且要让团队会议成为团队每个成员工作日程的常规项。如果该讨论的事务都已经完毕，那就取消会议，时间会被用来做别的事情。

苏珊娜认为，能让所有人参与到会议的有效沟通中来，另外两项关键因素是会议议程和领导人。首先应当尽量减少会议议程的项目，方便每个人都能了解到重要的事件、观点和问题。如果有哪件事暂时得不出结论，阻碍了协调的进程，可以先搁置下来，另做安排。此外，会议的领导人也是一个重要角色，他需要保证对会议各项内容的讨论用语尽量简洁而准确。对于小组而言，频繁开会是可以的，但不要开不必要的冗长的例会。

在麦肯锡，还有一种独特的沟通方式：通过在全公司“走来走去”来沟通。一些很有价值的谈话就产生于同事之间的偶遇——走廊里、饮水机旁、午餐时，甚至是在客户的公司里。工作疲劳时不妨四处走走，与人交流的过程也许会让你大有收获，不要低估随机事实的价值。

第五，询问与倾听也是沟通的组成部分。询问与倾听的行为，是用来在一定程度上控制自己的表达欲望，足够尊重对方权利的一种表现。当对方行为退缩、默不作声或欲言又止，不妨采用询问行为引导对方表达出真正的想法，了解对方的立场以及对方的需求、愿望、意见与感受。积极的倾听能够使得对方更好地发表意见，愿意倾听的人也更容易使对方产生好感。一位优秀的沟通者，必然会善于询问以及积极倾听他人的观点。

用沟通了解客户的“期望值”

一个商人自顾自地向顾客推荐自己的汽车，“我这款汽车性能良好，而且非常省油，一百公里只需要5升油，而且马力还不会因此受到影响……”

顾客：“可是，我需要的是……”

“您先听我说完！”商人打断顾客的话，继续说，“你看看这个外观，流线型设计，多么雅致，无论是瑞典还是德国，设计得出这么好看的外观吗？……”

“可是，你先听我说，我需要……”顾客的话没说完，又被商人打断，“无论你需要什么，这台车都是你最好的选择，你再也找不到比我这台车更好的汽车了……”

“你说这一切我都相信，可是，我需要的是一台摩托车！”顾客说完之后冷冷地走了。

没有沟通的自说自话，其结果就像这个笑话里的商人一样，让顾客无奈地离你而去。

麦肯锡的咨询人员十分重视利用沟通去了解客户的“期望值”。如果你为客户设定的期望值和客户所要求的期望值之间差距太大，就算运用再多的技巧，恐怕客户也不会接受，因为客户的期望值对客户自身来说是最重要的。因此，如果能有效地把握住对客户来说最为重要的期望值，告诉客户什么是他可以得到的，什么是他根本不可能得到的，那么最终协议的达成就要容易得多。

对于每一位商业人士而言，沟通过程中都会面临诸多挑战。客户的期望值是其中的一个关键点。随着产品越来越私人化、个性化，客户的期望值越来越高，客户的期望值日益分化，对产品和服务需求有所波动等，这些对商业人士来说是个不小的挑战。这就要求人们在沟通的过程中有效地把握客户的期望值。

麦肯锡的咨询人员认为，用沟通了解客户期望值的方法，可以采用如下几个步骤：

第一步，通过提问对客户的期望值加以了解。第二步，对客户期望值进行排序。当你不能满足客户的期望值的时候，一定要向客户阐明理由，并且对客户会有那样的期望值表示理解。第三步，与客户达成协议。达成协议就意味着已经确定了客户问题的解决方案。

麦肯锡的咨询人员建议称，在客户传达出自己的期望值之后，商业人士可以按照下面的方法来行动。首先，你需要合理地提出建议，尽量让客户接受，而且尽可能提供多个建议供客户选择。如果客户不同意，且超出权利范围，可暂时搁置问题，告知客户，稍后与相关部门联系，但有效沟通的最终目的依然要获得客户的承诺，使双方的合作得以继续进行。

关于客户的期望值，有另一个案例引人深思。几个不同身份的人来到一家三星级的酒店，那么他们每个人对这家酒店的评价是不同的。一个人会觉得这个酒店漂亮又豪华；另一人可能认为酒店十分普通；还有人甚至觉得这酒店的设施十分糟糕，根本算不上三星级酒店。得出第一种结论的人可能是普通的民众，外出时可能住在一般的小旅店；得出第二种结论的人可能时常出入同等级别的酒店；得出第三种结论的人很可能经常住在更高级的酒店。正因为不同背景的人的经历不同，期望值也就各不相同，对同一家酒店的评价也就不一样。

客户的期望值来源于个人的经历，而对于一名麦肯锡的咨询人员而言，他就必须竭尽所能地满足客户的期望值。由于每一个客户的期望值是不一样的，当咨询人员不能满足客户的期望值，或者客户的期望值不够专业、不符合实际时，他所必须做的就是降低客户的期望值。关于降低别人的期望值是一个重要的技巧。

客户的期望值是可以通过一些手段来调整的。麦肯锡的员工培训曾拿这样一则故事当作案例：一艘远洋轮船在大海上航行。这天晚上，外面忽然狂风大作，船上的人们遇上了可怕的海上风暴。风呼呼地刮着，船摇晃得厉害，水手们心中十分不安，因此默不作声。忽然，一名年轻水手突然情绪失控，大喊大叫起来。他的叫喊声加剧了其他人的恐惧感，必须马上阻止他的叫喊。船长命人把水手捆起来，然而水手还是狂叫不止，船长感到有点绝望。

这时，一位年长的水手自告奋勇，上前叫人把大叫的水手用一根长绳捆住，其他水手们死死地拉住一头，然后将那名发狂的水手丢进汹涌的海浪中。惊恐的水手在汹涌的海浪中叫得更厉害，他凄厉的喊声几乎让人感到绝望。过了一会儿，这名年轻的水手终于被同伴们拉上来了。奇迹发生了，水手回到了甲板上，忽然安静下来，他不再恐惧了。

以一位从事汽车行业的销售代表为例。杰西正在向客户推销一辆汽车，而客户认为那辆汽车的档次不够，他希望能够把座椅换成更高级的皮具。面对客户的这种期望，销售人员杰西无法满足，但他可以委婉地引导他改变思路。此时杰西的当务之急就是想方设法地降低客户的期望值。杰西婉转地告诉客户，他所看到的车是经济的款型，与高端的车型在售价上就有五十倍的差距。如此经济实惠的车型，从价格上来讲已经做了很大的让步。

麦肯锡的咨询人员说，把握好客户的期望值，就是在商业活动中占据主动权的一个关键点。根据客户的期望值，诚恳地告诉对方哪些是可以接受的，哪些是不能接受的，哪些是不切实际的，这些都能大大增加公司的信誉度。工作当中以客户为先的思想是值得借鉴的。

第七章 执行力，想到的就要做到

对无关紧要的事情学会说“不”

麦肯锡公司是全世界最成功的咨询公司之一，它最引人注目的优势就是闻名于世的执行力。美国管理学、成功学大师彼得·德鲁克说过这样一句话：“效率，就是用正确的方法做事。”麦肯锡公司巧妙地把成功者的话推而广之，总结出了执行是否高效与公司的经营成败之间的关联。

人们都知道，公司属于一个整体，而这个整体的每一个单元都是由人构成的。从这个角度来看，一个人的工作态度和效率直接影响该公司每天盈利的多少。当然，不能仅仅以盈亏为标准来衡量公司的强弱，但不能否认这是一项不可或缺的标准。

对于商业人士而言，万不可轻率地对自己说：“时间还早，等明天再做吧！”大家都心知肚明，高效的执行力是推动一个公司发展的杠杆。麦肯锡公司举世瞩目的执行力在实践中取得了很大的成功。麦肯锡公司能够在全球拥有“破百万”数量的客户，正是由于其“以高效执行力加速公司效能”的管理策略。

在麦肯锡公司，做到高效执行的一条重要经验就是“对无关紧要的事情学会说‘不’”。

如果想要在工作中集中精力，就要在日常生活中学会说“不”。当你集中精力工作的时候，无论是别人过来拜托你事情，还是你此时极其想要浏览一会儿网页，都是犯了高效工作的大忌。你要在内心开始动摇之前就及时说“不”，万万不可犹豫不决，这样会拖垮你战胜自我的决心。

麦肯锡的咨询人员提醒大家，在专注分内工作的时候，不要承担任何责任之外的事情。当你集中精力完成一项重要任务时，就不要被身边的琐事绊住脚，无论求你帮忙的人跟你的私交有多好。个别时刻，如果确实事出紧急，那也一定要确保自己在处理完紧急情况后立刻着手眼下的事情，不能耽搁太长时间。

人们除了要学会对无关紧要的事说“不”，还要学会说“不”的技巧，不能让自己或他人抱有侥幸心理。

在美国著名杂志《消费者研究》上发表了这样一篇文章：一百二十名学生被研究人员分成两组进行对照试验。研究者要求他们：其中一组只能说“我不能（I can’t）”，另一组只能说“我不要（I don’t）”。研究人员准备了非常诱人的冰激凌放在那群学生面前，然后让他们用之前要求的话语暗示自己。第一组学生面对冰激凌诱惑时，反复地告诉自己：“我不能吃冰激凌。”而第二组在冰激凌诱惑的面前，一次次重复着：“我不要吃冰激凌。”

实验的过程中，每个学生都被问到了一系列考验他们自控力的问题。在学生们答完这些问题之后，满心以为实验终于结束了，但事实上，真正的实验在后面。在那些学生们陆续出门的时候，研究者在门口给他们发放奖品。每一名学生都可以在一条巧克力棒和一条显然对身体更健康的燕麦棒之间做出选择。学生们不经意间做的选择，却被研究人员偷偷记录在了他们的问卷上。

经过整理后，研究人员发现，那组被要求告诉自己说“我不能吃××”的学生之中，百分之六十一选择了巧克力棒，而另一组告诉自己“我不要吃 ××”的学生，却仅仅有百分之三十六选了巧克力棒。或许有些人无法理解为什么会引起如此大的差异。其实，研究者是在学生们心理暗示的措辞上做了手脚。从“不能”到“不要”，小小一个单词的改变，就能够显著提高人的自我控制能力。

当一个人面对诱惑，“不能”和“不要”不仅将决定我们是否会拒绝，还将影响到一个人拒绝诱惑后能够维持多长时间。

研究人员又进行了另一项研究。这次他们选择了三十位妇女，让她们参加一个由研究人员组织的“健康讨论会”，并且要求她们找出一个需要长期坚持的目标。妇女们商量后，决定要参与到运动中来。研究人员把被试者分成三组，每个小组各十人。

第一组的妇女们，被实验人员要求说在自己感到无法坚持的时候直接说“不”。第二组的被实验人员则被研究者要求要对即将放弃的自己说“我不能”。例如，告诉自己：“我不能不运动。”第三组被实验人员被要求说“我不要”，举例说，在她们无法坚持下去的时候告诉自己“我不要错过运动”。

在接下来的十天时间中，参加实验的妇女们每天都会把她们的情况报告给研究人员，十天之后，得到的是如下的结果：

直接说“不”的那一组当中，十个被试者里有三人完成了坚持十天的运动计划。

告诉自己“我不能”的那一组当中，十个被试者里仅有一名完成了坚持十天的运动计划。

告诉自己“我不要”的那一组当中，十个被试者里完成了坚持十天运动计划的居然有八人之多。

两次的实验都在告诉人们，改变自己说“不”的表达方式，不仅可以让你面临杂事分心的时候保持专心的态度，还能使你很容易地长期坚持一个目标。剩下的问题是：为什么“我不要”比“我不能”更有效呢？

哥伦比亚大学动机科学中心的主任海蒂·格兰特·霍尔沃森就以上的事例做出如下解释：

“我不要”是一个选择的结果，当这个词说出口时，会有一种授权的感觉，这个词语是说话人对自己决心和意志力的认同，而“我不能”不是选择的结果，它是针对自己的一个限制，是强加给自己的硬性规定，会破坏一个人的自我认同感和主动性。意思即是说，“我不要”是内心积极的否决，而“我不能”则是消极的回绝。

由此可见，说“不”的时候用词不同，对心理带来的影响也是不同的。大家要掌握说“不”的技巧，不能让拒绝变成随时可能爆发的自我压抑。

麦肯锡的咨询人员建议说，千万不能让自己被无关紧要的事所蒙蔽，当琐碎的事件找上门的时候要学会说“不”。即使不得不去承担，也应有主次之分，从容地将事情完成。

给执行设置“Deadline”

心理学领域有一个“最后通牒效应”的说法，这是专门为从不给自己规划好时间的人准备的名词。不少人在紧急任务面前应对的态度还好，而对于那些不需要马上完成的任务，人们总是习惯于一再向后拖延，总是要在面临最后期限的时候才急急忙忙地去完成。

麦肯锡的咨询人员对于客户们提出的这种现象已经屡见不鲜。麦肯锡咨询人员告诉我们，首先不必对“拖延症”感到恐慌，每个人或多或少都会有拖拉的倾向，如果不是上级要求限期完成，人们就可能把完成任务的时间无限地滞后。事情如果能拖，人就总是不愿意去做，而在万不得已的情况下，例如，条件不允许或期限临近，原本没有干劲的人们却基本上都能在最后关头完成任务，这就归功于“最后通牒效应”。

对于企业员工而言，经常会有这样的感受：任务并非不能完成，而是他们自己不愿意去完成，这种情况就是拖延心理在作祟。拖延毫无疑问是一个糟糕的习惯，容易让人陷入焦虑和内疚中去，这是一种潜移默化的自我折磨。对时间管理无能的人容易产生这样的误解，以为他们在时间给予的重压下执行任务将表现得更为出色。他们认为把事情推迟到最后时刻去做有助于激发自己的潜能，只有当截止日期来临时，他们才能打起十二分的精神，斗志才会更加昂扬，工作才能够更加高效，而这样的想法属于自欺欺人，麦肯锡的研究人员经过调查称，在巨大的时间压力之下，人们的执行能力只会比以前更加糟糕。

面对令人头痛的“最后期限”，广大商业人士可以利用“最后通牒效应”，通过给自己设定最后时间节点的方式提高自己的执行力。在完成任务之前，我们便应该制订合理又带有一定挑战性的目标和计划，对自身可以支配的时间进行管理，为自己的执行设下“deadline”，强迫自己在自我限定的时间内把手头的工作做完。也就是说，提前给自己人为下达一个“最后通牒”，从而避免到了最后关头手忙脚乱地赶时间，结果导致任务无法完成，工作的质量也大受影响。

曾在麦肯锡公司担任中层领导的弗瓦尔·勒布朗在他的时间管理读本《现在就做》一书中写道：“人们拖拉的主要原因是恐惧。”这句话一语道破了拖延者头脑中长期存在的一个误区。拖延者宁愿被他人认为是由于没有尽到最大努力导致事情无法办妥，也不愿被认为是能力不足而无法做事。缺少执行力的人并非人们通常所想的那样缺乏上进心；相反，他们中的许多人存在完美主义倾向。正是由于这些人过于在意他人的看法，所以他们总是担心自己工作的成果倘若没有尽善尽美，他人就对自己颇有微词。正是这些不正确的观念，引发了那些缺乏执行能力的人在“最后通牒”到来时产生不良的情绪。

麦肯锡的研究人员建议缺乏执行力的人们：只要自己能认识到上述的问题和症结，平时工作当中有意识地避开那些无谓的担忧，就能在很大程度上减少“最后通牒”带给自身的压力和担忧。去除恐惧的最佳方法就是无所畏惧地迎难而上，对于缺乏行动力的人来说，尽早开始动工，用最快的速度完成任务，才能彻底摆脱“最后通牒”带来的心理困境。

许多时候，人们手头的工作并没有给他们带来非常大的压力，没有那道“最后通牒效应”的标准，人们就容易缺乏处理事务的紧迫感。大人和孩子们都是如此。英国曾有一家教育研究机构做过如下的实验：研究人员让一个班级的小学生们阅读一篇五百个单词的文章，在没有规定完成时间的情况下，全班用了超过八分钟的时间才阅读完毕。之后，研究人员又规定小学生们必须在五分钟内读完一篇相同长度的文章，最后全班在五分钟之内就全部读完了。这个实验能够使我们明显地看出“最后通牒效应”对人产生的激励和促进作用。

麦肯锡的咨询人员曾经搜集到这样一则案例：米纳亚小姐是某企业的市场活动主管，专门负责该公司旗下产品的促销活动。她对时间的安排和掌控能力不佳，经常把工作磨蹭到最后时刻才加班加点地完成。一次，上层给了米纳亚五天时间来筹备一场促销活动，前四天她迟迟心不在焉，完全没有要着手去做的意思，而到了第五天“deadline”将近，她像疯了一样联络商场、备货、聘用促销员，把自己弄得手忙脚乱、焦头烂额，到了活动开始之前，她才勉强完成了所有的准备活动。这时，她已经累得连翻身的力气也没有了。

因为对时间缺乏控制能力，让米纳亚在面临“最后通牒效应”时不得不加快行动步伐，加班时候超负荷的工作量让米纳亚的身体健康亮起了红灯，在精神上也是个不小的折磨。第五天，米纳亚不得不在很短的时间内迅速做出计划并且付诸行动，在整个过程中还要应对各种突发事件，如此的快节奏和高强度，不仅增加了她工作出差错的风险，也对她自己的事业前途百害而无一利。

时间缺乏掌控力的人不仅无法等来他们期盼的“奇迹”，相反，他们在工作中总是麻烦缠身。为了避免这种有失专业性的行为，你对自己分内工作，即使没有外来的时间压迫，也一定要为自己规定一个“最后通牒”。必须要明白，如果你的工作任务不能在最后期限内完成，承担的后果要比积极按时完工付出的代价要大得多，甚至会造成无法弥补的损失。

立刻开始行动吧，不要把时间和主动权耗尽再后悔不已。从现在起，为自己该做的工作设置一个“最后通牒”，像处理军政要务一样把工作保质保量地完成，给执行设置“deadline”，你会发现任务原本没有那么难以完成，只是之前没有好好把时间利用起来而已。

培育具有创造性的执行力

在过去很长一段时期以来，尤其是近些年，“管理论”充斥在纽约的街头巷尾，“遵守纪律”的理念像蔓藤一样疯长，各种企业培训层出不穷，“执行力”这个词就连街头的流浪汉也略知一二。职场中的人们谈“执行力”色变，一旦自己被扣上“缺乏执行力”的帽子，便会自认为“死到临头”。

然而，单纯的“执行”在麦肯锡公司是行不通的。麦肯锡公司需要的不是如同机械一样完成工作任务的执行者，他们更加看重的是每个个体具备多少创造力。在麦肯锡，无论是上层领导还是普通职员，创造力都被放在十分重要的地位。麦肯锡工作的“平面化”是许多大型企业无法与之比肩的，一个咨询团队里，经验丰富的专家和刚入职的实习生都是可以发挥他们的创造力的。

执行力最重要的是什么？是服从，在商业企业当中，服从就是标准化。

无论在新墨西哥州的汽车旅馆旁还是在里约热内卢的体育场门口，无论是在伦敦的特拉法尔加广场还是在开普敦的街边，麦当劳里面的食物几乎都是同一个口味的，薯条是一样的脆，汉堡是一样的味道，就连加冰可乐的冰冷程度也是一样的，这是因为标准的存在。

麦当劳之所以能够做到全球一致，依靠的就是对统一标准的执行。炸薯条的油温要多少度，汉堡里面的肉饼要多重，甚至可乐里面的冰的重量和形状也是一样的，这对标准的执行让人像机器一样的一致。

每个企业都想象麦当劳那样成功，因此对于标准的执行就必然十分重视。建立标准强调统一和执行，统一指的是标准的一致性，执行则是指标准能够被贯彻下去。

然而，执行力与标准化虽然是一个一劳永逸的办法，但也有着一个致命的缺陷，那就是组织僵硬。要知道，商业世界说到底是一个个活生生的人，人在情感上有着千差万别，在个人的状况上也是各不相同，用统一的标准面对不一样的人，就难免出现标准与用户需求错位的情况。

因此麦肯锡提出了一个新颖的观点，那就是创造性的执行力。在麦肯锡，无论是上层领导还是普通职员，创造力都被放在十分重要的地位。麦肯锡工作的“平面化”是许多大型的企业无法与之匹敌的，一个咨询团队里，经验丰富的专家和刚入职的实习生都是可以发挥他们的创造力的。

高档酒店为顾客提供舒适柔软的床垫，以保证顾客的睡眠质量，一般床垫的硬度和保温程度都有严格的标准，这种标准给一些顾客带去了良好的入住体验。但是，对于曲棍球运动员却不一样。曲棍球运动员因为需要弯腰训练和比赛，平时腰椎活动量过大，这导致很多曲棍球运动员都有腰疼的毛病，为了缓解这种疼痛，曲棍球运动员需要睡较硬的床，将白天弯下的腰椎扳过来，而床垫过软则会加重这种疼痛。因此，很多曲棍球运动员到了酒店的第一件事便是将床垫卸下，以便晚上可以直接睡在床板上，这对于他们来说无论如何也算不上是好的体验。

酒店执行统一标准却为曲棍球选手带去了痛苦，这又该怎么解决呢？此时就需要创造性的解决问题了，其实解决问题的方式很简单，只要有针对性地为顾客替换掉松软的床垫就可以了。

“创造”这个词汇乍听上去十分神圣，似乎不是在“格子间”的普通白领们能够做到的。然而事实是，创造本就是属于每个人的能力，无论过去还是现在，人们都不自觉地使用着。

比如一只普通的魔方，每个人都可以将其扭转成不同的组合出来。当一个人在孩提时代拿起蜡笔随意涂抹着，他的创造力就这样悄然萌芽了。在工作中更需要充分发挥出创造力，才能为工作提供新的灵感与机遇。

创造往往发源于专注，因为对某件事感到由衷的喜爱，在深入研究、探寻规律的过程中，突如其来的灵光乍现。创造的过程是由长期的坚持做铺垫，因为兴趣所致，才能把外人看起来枯燥的工作持续下去，创造者们发自内心地愿意持久参与并勇于改变，创造力无非是这个过程的坚持。这个过程之中给人带来的收获和满足感是创造的原动力。

麦肯锡公司也强调高效执行，但执行不是蛮干，而是在有计划、有条理的状态下的合理安排，并在行动的过程中解决和克服突发状况，灵活应对并最终达成目标。前些年曾经流行过一个说法：“员工是逼出来的。”可问题恰恰在于员工为什么要在逼迫下才能做事情？为什么一个团队每天都在强调执行力，但做事效率依然不高？

有时候，片面强调执行力只会让结果适得其反。麦肯锡公司的管理人员懂得，公司的每一个个体都有自我价值实现的需求。如果企业团队没能调动起团队成员自我实现的诉求，不能将企业的愿景和员工自我价值的实现结合在一起，员工们必然不会从内心升起做事的原动力。

麦肯锡咨询人员香克斯说：“成功是能把想法变成结果的，想法到结果最重要的是执行力，没有执行就没有结果。”再美好的蓝图，不去执行就永远不会取得成功。空想在工作中没有意义，执行力才是真正提高企业效益的关键因素。

诚然，对执行力而言，重要的一点就是服从。服从是执行的前提，但执行并不等同于服从。诚然，依照企业的生存之道而言，无论在任何时候，结果都是最重要的。麦肯锡建议较大规模企业的领导，在督促下属完成一项计划的时候并不需要全程跟进，对目标实现的每一个阶段都事必躬亲。领导层只需要在任务阶段性完成的每个期限到来时监督一下结果。

每个人都有需要自由发挥的空间，才能对工作有更好的积极作用，而企业正是需要这种“创造性的执行力”。创造性的执行力不能单单用“服从”去解释。如果企业一味强调服从，那么会对员工的积极性和创造性有一定程度的挫伤和打击。企业如果只需要“听话”的员工不断执行领导的方案与命令，员工很难调动起工作的积极性，更遑论具有创造性的执行力了。

如今，培养具有创造性的执行力是时代所趋。每一位商业从业者都必须看到，创新在企业发展过程中存在无限的潜能。

借口是执行的敌人

麦肯锡公司对每一位在职场奋斗的人士说：“既想要把事情做得好，又要保证省时高效，就不能给自己找任何借口、留任何退路！”每个人都没有学习过“找借口”，但它却成了人人掌握的技能，并且在不断地“推陈出新”，而这样的“推陈出新”对每一位职场人士显然是没有任何好处的，我们必须要毫不留情地将其舍弃。

现实里，借口常能“成功”地让人逃脱责任，因此总是备受青睐。对他们而言，借口就是敷衍别人、原谅自己的“挡箭牌”，随时能够起到掩饰弱点、推卸责任的作用。与此同时，借口也是许多懒惰成瘾的人常用的伎俩。

如果一个人希望在事业上有所成就，借口是最应躲避的“毒品”。职场人如果有所沾染，在事业上的冲劲必然大打折扣。我们经常会在周围听到这样的声音：“因为路上堵车，我上班迟到了”“我生病了，因此无法参加下午的例会”“因为同事拖了后腿，这次奖金与我无关了”……常见的借口背后总是隐藏着不同的信息。

当有人说“这件事不怪我”，显然是对所犯过失的全盘否认。否认是找借口者在逃避责任的时候常用的手段。当一个人想要推卸全部责任时，这种话语就会脱口而出。

“我不是故意的”则是一种较为温和、请求宽恕的说法。通过表明自己本意是好的，用这样的说法来规避部分责任。

“我这么做的时候，没有人提出异议。”这样的说法明显是想要蒙混过关。

“原本事情不会这样发展，这都要怪……”这种说法是通过扩大责任的范围来推卸责任。

工作中，这样的声音并不陌生，很多人也许在不经意间就说了以上示例的其中之一。长久以来，找借口、找理由为自己辩解已经在我们的脑海中生根发芽了。为自己找借口的唯一“好处”，就是掩饰自己的过错，把本应自己承担的责任有意无意地转嫁给他人。

然而，在责任面前总是选择逃避的人，无论何时都无法把事情做得完美。因为找借口的人在刚刚接到任务的时候就在想着如果做不好该如何找借口，而不是自己应该如何努力去把事情做到最好。喜欢为自己寻找借口的人，注定只能是一事无成的失败者。

当你跟自己的客户约见，而对方足足迟到了一个小时，见到你后张口就说：“路上车太多了”“我对附近不是很熟，因此迷了路”，你将做何感想？即使路上确实堵车，然而大多数人在同样的路况下，还是准时甚至提早到了会面的地方。科威尔是一位麦肯锡的高管，他常挂在嘴边的一句话是：“我们不能改变环境，但我们能够通过改变自己来把事情做到最佳。”这才是不为自己找借口的人所应该做的。

在麦肯锡的内部培训里，常拿一个企业的季度会议作为案例：A是营销部门的经理，他在会上说：“最近我们的销售业绩有所下滑，我们有一定责任，然而最主要的问题不在我们。竞争对手们纷纷推出性价比优于我们的新产品，这让我们的营销陷入困难，研发部门应当重视这件事情。”研发部门的经理B立刻接道：“我们最近的确没有推出多少新产品，但我们这里也确实存在困难。我们研发新产品的预算本就不多，即使是那点少得可怜的预算，财务处也削减了！”财务经理C皱起眉头：“是，我们削减了研发部的预算，然而你们要知道，我们公司的成本在上升，财务处当然没有多少钱。”就在这时，采购经理D跳起来：“我们的采购成本上升了百分之九，但你们谁理解我们？我们的大多数原料来自俄罗斯。前不久，那里的一个生产铬的矿山爆炸了，不锈钢的价格自然要上升。”说到这里，人力资源经理F清了清嗓子：“既然我们都没有错，我只好去考核俄罗斯的矿山了！”

如果一家企业有着一批只会为自己找借口的员工，那么这家企业的经营一定十分困难。做事常找借口的人不但能力有限，未来也不会有所成就，即使他有再远大的目标，也终会成为一纸空文。借口是执行的敌人，如果想要把事情做好，就要断除掉找借口的私心，否则一时的“痛快”将会变成无尽的烦恼。

美国的《商业年鉴》做过这样一个统计：自从“二战”结束后，在世界五百强企业当中，有超过五百位的董事长是西点军校培养出来的，副董事长更是超过了两千名。西点军校中培养出的优秀经营管理人才数量之巨，是任何商学院都无法比拟的。

在西点军校，“没有借口”是最重要的行为准则，是新生们刚入学时校长传达给他们的第一个理念。西点军校有一个著名的传统，就是学员遇到军官问话，只能被允许用以下四种答话之一：“报告长官，是的！”“报告长官，不是！”“报告长官，不知道！”“报告长官，没有借口！”除了这些答复，学员不能多讲一个字，不然就要受到惩罚。

西点军校的这一理念，目的在于要求每位学员想尽一切办法去完成自己的任务，而不能为自己的过错和失败寻找任何借口，即使这个借口看上去合理。西点军校的目的在于让学员适应压力，培养学员们不达目的不罢休的执行能力。西点军校让每一名学员都懂得：在工作当中不能找寻任何借口，人生也没有任何借口。

麦肯锡的领导层深深知道，借口是一个严重扼杀员工们能力和潜力的“毒品”。一个人无论处于任何职位，一旦习惯于为自己寻找借口，要么逃避责任，要么会把事情变得更糟糕。把借口称为“毒品”，是因为这个习惯实在太容易养成，而且还很难改变。

要求做事不给自己任何借口，也许看上去有些不近人情，但在商场这个没有硝烟的战场上，你死我活的局面随时有可能出现。时间是公正又无情的审判官，错过的时机将不可能再重新拥有。借口是执行的敌人，要做到不给自己留退路。不留退路，就是对自己高度的负责。唯有如此，做事才能高效率、多收获。

高效执行是怎样炼成的

回忆童年，每个人在成长的过程中，都或多或少地受到各种制度的束缚。正因为有了那些曾让人们极为反感的制度，生活才会像现在这样井然有序。麦肯锡的咨询人员声称，想要拥有高效的执行力，同样需要纪律和规则，包括为自己定下的规则。

闻名于世的著名音乐家莫扎特，在诸多的文学作品中常被描述成轻率任性的天才，然而就是这位在他人眼中放荡不羁的人，从十五岁接触作曲直到他离世，莫扎特一生的作曲数量有着惊人的固定性，甚至可以用代数式计算出来。

著名的历史学家梅尔，他在每天刚到办公室的时候都规定自己写十封信；乔·查伯纳是著名的演说家，他对手下的电话销售员的要求是每周一、二都要打出去十三个电话，每周三、四要打十二个电话，周五当天是用来电话联络当周的前四天电话没有联系上的人。

丽莎娜曾经在麦肯锡公司担任顾问，后来她自己开了一家顾问公司，每年她受理的案子大约是一百四十个。丽莎娜终年辗转各地，这使她有不少时间是在飞机上度过的。丽莎娜不愿白白浪费旅途的时光，她认为时常跟客户维持良好的关系是非常重要的。在飞机上的那些时光，丽莎娜常会给客户写一些短笺。有人讶异于丽莎娜超出常人的工作热情和精力，有人担心丽莎娜是否感觉过于疲惫，而丽莎娜的回答出人意料："我已经沉溺其中无法自拔了，这让我感到非常愉快。"

一天，丽莎娜刚下飞机，一位同机的旅客在他们这批人一起等候提取行李的时候跟丽莎娜攀谈。

同行的旅客说："我在飞机上注意到正在工作的你。在全程的接近三个小时里，你一直在回复邮件，非常专注。我敢说，你的老板一定以你为荣。"丽莎娜笑着感谢了他，之后回答："我就是老板。"

执行力是可以通过后天的培养训练出来的。麦肯锡的专家德雷赛尔说："企业的领导者要相信，通过有效的执行力锻炼，企业员工的执行力能够得到很好的提高。"员工个人能力提升，企业的整体执行力也会跟着上升，这将为企业在市场竞争中赢取到更多的机会。德雷赛尔提出了一些个人的建议：

第一，对于工作目标头脑中一定要清晰、可量化、可检查，不能是模棱两可的。目标的明晰将会给任务的执行带来巨大的动力。

第二，工作时要有明确的时间表。"时间表"有两个节点十分关键：一个是开始的时间。例如，董事会决定进行一个项目，那么你一定要记住是什么时候开始的，比记录开始时间更重要的是，你一定要知道将在什么时候结束，尤其是企业的管理者。实际工作中经常只记住了开头，却忽略了结束的时间，这将让你永远有完不成的任务。结束时间是你把握工作效率的重要"deadline"，一定要牢记。

第三，做事讲求优先序。许多事情需要分清轻重缓急，不可让头脑陷入混乱当中。用百分之八十的时间解决最关键最重要的任务，剩下百分之二十用来处理琐事。

第四，作为企业管理者，下指令的时候一定要简洁明确。有歧义的语言会让下属误认为已经理解了管理者的意图，而后果将是严重的。因此管理者在下达指令之后需要跟下属确认，看下属是否已经准确理解了。作为下属也要及时想到确认领导的意图，这样，执行的过程中将减少很多偏差，另外在执行的过程中要注意细节问题。

第五，在下达指令后，要求下属做出承诺。“规定时间内能不能完成？”“给你的授权是否足够？”“资金方面有没有困难？”这个过程既可以检查完成任务时相应的资源条件是否具备，又可以引起员工对工作足够的重视。下达指令，实际上就是在安排下属的责任与使命。反问可以让下属直接感受到压力，“既然在上司面前已经承诺了，我就一定要做出结果”。

第六，要及时检查。制度并不能让你一劳永逸，完全放任员工去进行自我约束和管理。员工执行任务的过程还是要关注，在必要的时候去督促和指导，对可能出现的问题进行及时的预判。

第七，执行过后需要及时反馈。在工作的链条中，起到接续作用的就是反馈的部分。做得好与不好需要做出及时的评价和奖惩，遇到的失败需要反思，是能力不够、授权不充分，还是信息来源渠道欠缺？

第八，如果你想要一个富有执行力的公司，就必须将执行力发展成企业的一种文化，这才能使整个企业中每一个人都对执行力有深刻的理解。只有这样，执行力才能充分发挥最大的效能。仅有少数职员具有执行力是远远不够的，企业发展壮大需要全体人员的执行理念。因此，必须将执行力融入企业文化中，将执行力渗透到企业的价值核心和行为准则中去。

在麦肯锡，态度是提高执行力的关键因素。麦肯锡公司有这样一句标语：

“如果你想要做一件事情，你会有一百个理由去做；如果你不愿做一件事情，你同样会有一百个借口不去做。”在激烈的商业竞争下，高效执行是不可或缺的战斗力。

培养主动解决问题的能力

如今企业的发展越来越需要个人能力的提升。主动解决问题，是个人能力的一个综合体现。

麦肯锡的研究人员曾总结出一份很有趣味的调查报告：平时工作中，我们身边总能大体划分出两种人。第一种人，他们总是向周边同事抛出各式各样的问题，不断向他人寻求大大小小的帮助，这类人被称为 trouble maker（问题制造者）。第二种人，似乎没有做不到的事情，工作团队中遇到问题，人们总是放心去找这类人解决，人称 trouble solver（问题解决者）。

第一种人似乎在团队当中占尽优势，似乎应该在团队协作中感到轻松。然而事实是，第一种人的依赖心理更加严重，几乎到了凡是遇到问题就要向团队成员"伸手"的地步。他们是整个团队的价值压榨者，在不自觉的情况下逐渐被团队的其余人远离，而第二种人在每次解决问题的过程中得到了自我成长，解决问题的能力也不断增强。这类人很快成长为团队的价值供给者，受到团队成员们的一致欢迎。

大多数人都希望自己与第一种人保持距离，靠近第二种人并向他们学习。那么，我们应当如何向第二种人学习，培养自己解决问题的能力呢？麦肯锡的专家团队总结出了如下一系列方法，这有助于我们培养主动解决问题的能力。

第一，理清问题的来龙去脉。

很少有人接受过类似的训练。多数人总是描述不清楚自己遇到的问题，当他们自认为是在提出问题的时候，实际讲的一大堆东西里，绝大部分属于问题发生时的心理感受。每个人都有倾诉的欲望，总是习惯于绕过客观的问题而直接去表达内心的情绪，希望获得别人的理解。但是，倘若自己都不清楚问题的症结所在，解决问题更是遥遥无期。因此，解决问题的第一步，即是把问题理清。大致的步骤，是从现状开始一步步倒推，直到“追根溯源”到造成问题的最小原因。

第二，具备质疑的能力。

麦肯锡公司的高管丹尼尔说：“提出问题是解决一半问题，没有问题才是最大的问题。”

“问题解决者”们并不是最初就知道问题的解决方法，然而他们具备对问题的探究能力，从而可以探究出问题的最终答案。当你对值得怀疑的事情提出质疑，你就更加接近真理。敢于质疑，会让人更有勇气去捍卫真理，所以想要提高主动解决问题的能力，就一定要学会质疑。不仅要有胆量去质疑外界，也要有智慧质疑自己。例如，在公司操作常用软硬件的过程中，不少人会信誓旦旦地叫着：“我的步骤不可能有错！可是结果为什么不对呢？”他们的言外之意是：“我的操作正确无误，但是结果却没有达到我的预期，一定是电脑系统出了问题，真是糟糕！”的确不是自己的问题吗？在大多数情况下，就是员工自己的问题。

第三，锻炼自己的逻辑能力。

强大的逻辑分析能力是解决问题的最重要的工具之一，这要求人们平时就养成归纳和推理的习惯。没有任何工作不具有复杂性，解决任何问题都有难以理清头绪的可能。在日常工作中减少使用“只要……就没问题”“这个问题不就是……”的句式。不能小看任何问题，也要避免把问题简化。

第四，你的问题并不是特例。

你在工作中遇到的问题并不是独一无二的，所以减少使用“虽然你的建议很好，但我还是觉得……”的模式。要相信，你的问题大多数人也曾遇到过，有太多的经验和教训等着你去借鉴。需要注意的是，别人并不能和你一样了解自己，别人的意见也未必对你适用。要把他人的建议加以总结归纳，整理出自己的一套方法。

第五，勤用搜索引擎。

遇到问题，在向他人发问之前，先使用搜索引擎解决。多用谷歌、必应、维基百科等搜索引擎，你得到的将比别人口中说出的更加丰富。需要注意的是，最好掌握搜索引擎的高级搜索法。除此之外，网上搜索论著和刊物，甚至发邮件去请教官方，都是不错的解决问题的方式。

第六，要积极变换思维框架。

每个人都有面临问题苦苦求索不得解的时候，这种问题可能就源自思维的局限性了。在这种情况来临时，不妨尝试一下跳出自身的思维框架，新的思路也许就诞生了。这就意味着，你要随时准备拆掉“思维定式之墙”，避免让自己的思考局限在几个点里。

第七，尝试用潜意识思考。

我们的思维分成“显意识”和“潜意识”。“显意识”能够处理较复杂的工作，但是一次只能完成一件，而“潜意识”可以同时进行多项任务，如你正在不自觉地呼吸、心跳、眨眼等。用潜意识思考就是任由发散性思维驰骋。例如，许多人的午睡状态是属于浅睡眠的，在此期间也许就有灵感迸发，甚至在吃早餐的时候突然想到好多个不错的关键词，不妨及时在手机或电脑上记录。

第八，保持思想的独立。

在如今这个信息爆炸的时代，人对信息、社交的依赖性越来越强，保持思想独立就变得十分困难。思想独立能够保留自我的思考方式、问题来临的解决方式，思想独立也是完善自我的最佳方法。

第九，坚持学习。

互联网让时间变得扁平化。只要你愿意，你可以学到一切想要学习的东西。在给你个人的竞争力加分的同时，你的学习能力和解决问题的能力也会稳步提升，这也不失为提高主动解决问题能力的一个妙招。

保证团队有效率地开展工作

对于一切工作来说，提高效率无疑是最重要的事情，而在麦肯锡思维的实践应用中，保证团队有效率地开展工作则是非常重要的组成部分。

有效率的商业思维能够让你以最正确的方式做事，而正确就是保证效率的最强因素。在麦肯锡企业文化中，效率往往是被看得非常重要的，尤其是当咨询顾问们以团队的形式出现时，保证团队的效率是非常重要的。

让团队顺畅而又有效率地工作，这取决于团队的沟通能够顺畅，这里的沟通既包含自上而下的沟通，也包含自下而上的沟通。在麦肯锡团队内部，他们采用的沟通方式与其他组织所采用的方式是完全一样的：邮件、备忘录、会议记录等。可以说，在团队沟通的方式方面，麦肯锡公司没有什么新东西是可以让我们学习的，但在方式之外，因为麦肯锡团队运作已经有了丰富的经验，那些伟大的顾问们积累了许多促进内部沟通的有效方法，对于这一点，我们是可以学习的。

麦肯锡的理念是：如果想要让一个团队有效率地工作，就必须让信息在团队内自由流动。让团队内的每一个人都对项目的信息有充分的了解，从而确保每一个人都在同样的效率线上。

“信息对于你的团队的意义就像汽油对于汽车引擎一样，如果阻碍了流动，你就会停滞不前。”埃森·瑞瑟这样说道，瑞瑟要求一个团队内的最底层人员也至少要跟得上整个项目的大致框架，这种情况对于小项目来说可能容易做到，但一些层级较多的大项目，恐怕就难以做到了。

例如一个需要数十人进行的公司上市咨询，最高层与最底层往往会隔开两个层级，此时就很难保证让底层的人能够接触到高层的信息，高层的人也无法获知最底层的信息。然而，瑞瑟却认为，越是大型的项目，越应该如此。

“对信息的了解有助于团队的同事理解他们的工作是如何对最终目标做出贡献的，他们的努力价值何在。相反，当人们觉得自己工作在真空中的时候，他们会与更大的事业产生隔膜，他们的士气也一定会受到影响。”瑞瑟这样说道。

人们需要明白，如果让团队的同事跟得上整个团队，他们会感觉到自己也是团队中的一员，进而愿意为团队而努力工作。否则的话，当他认为自己只是在孤身奋战的话，那么他就很可能因为没有成就感和集体感而变得懈怠了。

还有一点，如果你处于团队的中下层，那么也要尽量让上层人跟上团队的进度。瑞瑟强调说：“如果你把自己的上司蒙在鼓里，不要以为他会无动于衷。当他知道一切都在掌握之中的时候，他会相当受用。如果事情不在控制之下，那么你就要让上司确切地了解问题的性质，以便他可以尽可能有效地运用他的专长。”

那么，要怎样做才能够保证信息在团队内顺畅地流动呢？麦肯锡所使用的最简单也是最实用的办法就是开会。会议是将团队黏合在一起的凝固剂，在团队中召开会议会使得信息全方位地顺畅流动。不仅如此，会议还为团队成员提供了某种程度上的社会联系。会议有助于提醒出席的人，你们是团队的一个组成部分，你们对于团队来说非常重要。

Freddie公司的运营总监索罗·托尼以前在麦肯锡担任项目经理，他将麦肯锡对于会议的理念带到了新的团队里面。索罗经常说，“会议成功的关键是确保每个人都到场，”而为了确保这一点，索罗甚至让会议成为他所领导的团队的每日日常工作，每天大家上班的第一件事就是聚在一起开会，如果有信息就分享出来，如果没有信息，就立即散会。索罗说：“不要为浪费这几分钟而心疼，虽然我们经常遇到会议被取消的情况，但实际上，团队从会议中得到的要远比失去的多得多。”

索罗还进一步提出，一次成功的会议需要包括两个关键的因素，它们是议程和领导。把需要讨论的项目列在议程里，然后进行挑选，只留下必要的，以确保项目保持在所需要的最低数量，这可以方便每一个团队成员掌握重要事件、议题和问题的最新动向。如果某个项目目前还不需要讨论，那么也许就应该缓一缓，而如果我们是团队的领导者，就要确保在概括议程时要尽可能精练，“频繁开会是没有错的，但没必要的长会则不然”。

开会只是信息流通的重要一项，其他类似于共同消息、访谈等方式也可以帮助信息的流通。但终归一句话，你需要让你的团队保持沟通的顺畅，确保信息的流通，这样做会鼓舞团队的士气，提高团队的效率，并增强团队的凝聚力。

当然，除了在方式上下功夫之外，决定团队内信息能够流通的还有一个重要的因素，那就是信息的有效性。团队效率的提高必须建立在获得有效信息的基础上，如果信息繁杂而无效，那么可想而知的是，团队将会把主要的精力都放在分辨信息上面，从而让效率越来越低。

有效的信息必须具备三个因素：简洁、完整和结构。只有把所有这三个因素都包含在团队所传送的信息中，才能够帮助我们提高团队的效率。

一条信息，无论是邮件、备忘录，还是便签和语音留言，都是一种把信息传递给受众的手段。正因为如此，有效的信息必须简洁，即只包含受众需要了解的东西；信息必须完整，即要包括受众需要了解的全部信息；它还必须具有结构，即它要把这些信息清晰地传递给受众。

简洁。当你用文字来传递信息的时候，信息的简洁性一般是可以做到的，因为没有人会长篇大论地写一些与重要信息无关的事情，但是，当信息以语言的方式来传递的时候，例如语音备忘录、开会发言、小组讨论等，你便无法再保证其简洁性了。

很多人在发言的时候没有条理，语言缺乏逻辑，观点组织不成有效的逻辑链条，这对于信息的简洁性是很致命的。在这里，你就需要运用你之前所学习的逻辑思维方法，组织好自己的语言，确保你说出来的话成条理，能够为听众所理解。

完整。要保证在信息里包含有你想要让他人了解的全部内容。有些人喜欢用转折的语句说话，用一些带有文学色彩的文字传递信息，这么做的前提是你的听众能够理会你的意思，否则的话就会损失信息的完整性。

当你传递一条信息给团队中的人时，别人因此产生一肚子的疑惑，或者说在会议上发言之后，你的团队却陷入了困惑当中，这都是信息的完整性出了问题。团队中传递信息并不是解题游戏，你需要把问题和答案一起发给大家，否则的话，你就没有组建团队的必要了。

结构。如果你要想让人理解你的信息，让一些即便思维方式比较简单的人也能够清晰地掌握你想要传达的意思，那么就必须让信息符合一定的逻辑结构。关于这一点，前面已经用了很大的篇幅来论述，这里就不再赘述了。

团队是帮助你解决问题的帮手，群策群力是麦肯锡顾问们获得成功的关键，而如何确保团队在一个高效率的情况下工作，这则是大家需要思考的问题。

第八章　麦肯锡时间管理，用最少精力取得最大成果

树立正确的时间管理价值观

曾有人问主持人孟非：“在现实与梦想之间如何选择？”孟非回答说：“我最适合回答这个问题了，因为我从来没有梦想，该干什么就干什么，我一直都活在现实之中。”孟非的“该干什么就干什么”实际上体现了一种朴素且智慧的时间管理价值观。麦肯锡人一直强调，透过一个人的时间管理价值观，可以明确地看出这个人的人生价值观。

如何才能树立正确的时间管理价值观？实际上，管理时间便意味着管理自己。本·富兰克林说：“你的时间用完了，你的使命也就到头了。”若能创造性地将时间管理上升到生命管理的高度，便能利用有限的时间去发挥出最大的价值。

时间管理的根本是对自我状态和自我习惯的管理。时间管理专家研究发现，对于这个日新月异的时代来说，传统的时间管理几乎毫无价值。这是因为很多人从一开始就没有准确意识到时间管理的重要性。人们最常做的是抱怨以及逃避，抱怨时间不够用，逃避有限时间内该完成的事。

自 1926 年成立至今，麦肯锡逐渐形成了一整套高效卓越的时间管理方案。

它告诉我们：时间是最宝贵的资本，是无法更新的财富，只有管理好时间才能管理好生活。

HALE连锁店的创始人早年是麦肯锡团队中一名精英分子，离开麦肯锡后，他于1946成立了第一家店，当年便发展成了四家店，二十二年后，他已经拥有了四十六家连锁店。他在接受《财富》双周刊采访的时候谈到了时间管理的问题。

面对犀利的提问，他说："对于大部分人来说，这一生中能够下达的最重要的决策一定跟时间有关。如何使用自己的时间，是十分重要的事情。对于我自己来说，我不会将自己的时间花在需要很多生产劳力，而成果却平凡无奇的事情上面。而且只要我能找人代劳的事情，我绝不会自己去做。"

当你无法成为时间主人的时候，将被时间奴役。关于时间管理，麦肯锡咨询人员在工作的过程中凝练了十条原则，帮助你树立正确的时间管理价值观。

一、分清事情的轻重缓急，制订"紧急任务专制管理"方案。当紧急任务与重要任务纷至沓来，互相挤压着你的思维的时候，你应该如何平衡、利用好你有限的时间？紧急任务通常需要立即执行，这就迫使人们倾注所有精力去解决紧急任务，却一次次将重要任务扔至一边。然而，也许不久后，你便能体会到重要任务被耽搁的严重后果。想要解决这个问题，你必须要对紧急任务进行专制管理，匀出时间去做更重要的事情。

二、将精力投注于"少数关键性的活动上"。高效能人士不会愿意浪费时间于琐碎的、毫无帮助的事情上，而会集中精力去做少量的、关键性的事情，反而能够发挥出独特的效果。

三、区分效能与效率，要注重效果。效能可指“做正确的工作”；效率却可理解为“正确地做工作”。前者的作用要远远大于后者，因为工作的方向不能搞错，如果你做错了工作，效率再高，也不过是无用功而已。

四、行动要保持高效。对于患有拖延症的人来说，如果一天有三十六个小时也会嫌少。行动要保持高效，如何能用最少的资源、最短的时间得到最大的效益是我们最应该考虑的事情。社会发展的节奏和进程越来越快，只有高效行动，才能取得预期中的成功。

五、做事要灵活、机动，随机应变，沉着应对突发事件。面对突如其来的意外，如果你做事古板不知变通，一定会付出大量的时间和精力。相反，如果你灵活机变，极懂变通，便能在最短时间内控制住事态的发展，从而取得良好的效果。

六、做好时间预算，重视细微之事，不要盲目乐观。做好的时间预算与现实当然不会一丝不差，但是也不能相差太远，千万不能不切实际。要对自己即将要完成的任务有充分的认识，不要忽略那些小事。很多人对自己都充满自信，觉得任何任务对自己来说都是小菜一碟，他们往往会对那些小事、细节掉以轻心，殊不知正是这样的小事、细节如果做不好，便会耗费自己更多的时间。

七、要当机立断，忌犹豫不决。尤其是在做决策的时候，一定要有果断决策的能力。时机稍纵即逝，如果你犹豫不决，迟迟拿不定主意，除了浪费更多的时间外，并不会给你带来其他的好处。

八、做事之前准备充分，行动起来自然快捷很多。麦肯锡人在做任何事之前都会尽量做好准备，这样才能“知己知彼，百战不殆”。他们为了节约时间，提升效率，往往会在事前准备资料，收集信息。

九、善于团队合作。所谓“众人拾柴火焰高”，没有完美的个人，只有完美的团体。一滴水涌入江流才能以一己之力发挥出更大的力量，只有利用团队合作的优势，才能掩盖住自身的缺点。借助团队的力量，能更快更好地完成任务，并达到预期中的目标。

十、处于领导位置时，抛弃亲力亲为的观念，善于授权。当你处于某个重要地位的时候，要学会智慧地“放权”。将所有事情和责任都背负在自己的身上，只会被压垮压塌，既浪费时间精力，还容易把事情搞砸。

每一个麦肯锡人都对时间管理的重要性有着深刻的认识。他们会尽量保持办公地点的整洁，有意识地改变自己做事杂乱无章的坏习惯。他们在做任何事之前，都会在心底编排好不同事情的优先次序。同时，麦肯锡人意识到，图表不仅会为你我节省大量时间，还能使得目标更加清晰，可以充分调动起人们的积极性。

每天都可以为自己设立一张图表，当一天工作结束后，分析图表完成度如何，根据结果适当地调整目标。对于麦肯锡人来说，还有一个重要的原则在于：做事要从最简单的地方入手，循序渐进，有利于树立信心，更有利于目标的实现。集中精力，一次只做好一件事，不要搞得自己疲惫不堪，还白白浪费时间。

优化工作日程，化繁为简

杰克·韦尔奇是美国通用电气公司的总裁，他之所以能够取得这么大的成就，是因为他自有一套效率管理原则。很多人向他讨教成功的经验，面对那一双双渴求的眼睛，他说："亲力亲为是对的，但也要注意方式和技巧。拿我自己来说，我完全不知道如何才能制作出一套好的电视节目，我更不知道如何去生产出一台可靠的引擎，但我知道我是 NBC 的领导。我的工作就是挖掘人才，把最好的人才放在最好的位置上，把资金投向最正确的方向。"

杰克·韦尔奇从不将注意力放在过多的琐事上，他尽量优化自己的工作日程，将所有的精力都投注到最重要的事情上。如此化繁就简的过程反而使得他的工作效率得到了极大的提升。

普通职员们的办公桌上，经常贴满了"紧急"便条，各种表单、报告和资料堆满了桌子，基本上来不及仔细阅读。电话铃更是响个不停，只要接起，对面都是一连声的催促。经理通知即将召开员工会议，可是手头的准备工作只完成一小半。想要将事情都解决好，却又不知道该从哪里忙起……

而高层管理者的情况也是如此。无论是被挤满的行程表，还是紧迫急切的工作日程；无论是繁多、冗长、毫无意义的会议，还是一遍遍重复的弯路、返工。这一切都在向管理者们显示：他们已经深陷时间陷阱。

麦肯锡时间管理思维告诉我们，要用最少的精力去取得最大的成功，而以上种种现象都是时间管理不力的结果。想要将时间安排得井井有条，用有限的时间发挥出最大的效率，第一步便是删繁就简，逐步优化工作日程。想要做到这一点，就得牢牢掌握“时间管理六步走”。

一、每一项工作前先得做好计划和统筹。最好运用表格的形式记载下来，标出要点和重点，按照计划逐步实施。不要“东一榔头，西一棒槌”，毛毛躁躁，没有规划。首先捋出每年、每月、每周乃至每天中最忙的时间段，可以提前做的工作提前做好，将大小工作安排妥帖合理，完美错过最繁忙的时候。

二、要事第一。做事情要懂得取舍，要分清轻重缓急，要及时权衡各方利益，集中精力完成眼下最要紧的事情。想要做到这一点，就得对当下的形式有最精准的判断。麦肯锡有“时间管理四象限”，帮助我们分清当下必须解决的“要事”。

三、化繁就简。将一件复杂的事情拆分开来，化成一个个简单的步骤去完成，能够多快好省地解决目标。圈画出你工作日程表中琐碎的、无关紧要的事情，尝试着转交给下属去完成，集中精力对付百分之二十的重要的事情，也是删繁就简的一个方式。

四、学会拒绝。很多时候，之所以会多出那么多既耗神又耽误时间的工作，原因在于实在是没有学会拒绝。作为普通员工，你对于具体的工作界限含糊不清，不懂得对别人说“不”，这才导致每日工作计划表越来越紧凑，终于压垮了每一个人。而作为领导，你要懂得适当“授权”，将权力下放的同时，你肩上的担子也将一并下放，这时候你才有时间和精力去处理更重要的事情。

五、将最后期限时刻记在心里。无论你给自己设置的是什么目标，都要明确计划好最后期限。这个期限会给你压迫，让你产生动力。与别人合作的时候，也要约定期限，这同时是对双方的一种约束。当然，这个期限不能太过漫长遥远，要让它合理的同时，又带有一点点的压迫感。麦肯锡人最推崇“帕金森定律”：如果你安排了充裕的时间去进行一项活动，为了用掉所有的时间，你一定会放慢你的节奏。

六、改进做事的习惯，尽量找到更好的解决方案。西方有一句很有趣的谚语，给了人们无限的深思。它是这样说的：“你想把球从洞里挖出来，却把洞越挖越大。”之前累积的坏习惯导致你不但做不好事情，还让情况变得越来越糟。这样不管你多么努力，耗费了多长时间，都不会得到进步。

作为全球性的咨询公司，麦肯锡在三十九个国家里开设了七十五个分公司，公司旗下的咨询顾问超过五千多名。麦肯锡公司一向求贤若渴，不惜重力培养人才。为了让员工快速掌握十八个行业领域和三十六个相关领域的专业技能，公司将对员工展开一轮轮精良细致的培训。其中，时间管理是培训中不可忽视的内容之一。麦肯锡公司一直向员工们贯彻的一个思想是，时间管理无论对于个人还是企业来说，都十分重要，得尽早开始。想要提高效率，就要懂得化繁为简。而擅长为自己的工作日程表“减负”的人，都将成为首屈一指的人才。麦肯锡的员工们都将这点牢记在心，并付诸行动中。他们在为服务企业做咨询建议的时候，也不时地透露出这种思想。

养成一些好习惯，找到做事的最巧妙的方法，才能够节约时间、提高效率。你要将资料和物品摆放得整整齐齐，以免下一次翻箱倒柜地寻找；做事情前注意思考，以便找到最佳的解决方法。

适当地给你的工作日程“减减负”，以免你深陷时间陷阱，在繁重的工作中变得盲目，逐渐失去自我。不要被那些可有可无、琐碎无意义的工作耗费掉时间、精力和耐心，你得保存实力，去挑战那些难度更高、收益更大的工作。

规划时间的时候要围绕着核心目标

帕累托原则教导我们，规划时间的时候要围绕着核心目标来进行。你每天要处理的事情很多，囊括生活和工作、私事和公事。但每天给予你的时间都很有限，正如“花钱要花在刀刃上”，分配时间也要围绕着核心目标来进行。如果你做事既没有条理，又不分轻重缓急，最后的结果就是什么也做不好。

先将我们手头的工作、任务按照四象限排列好：

A：必须立即着手开展的工作，比如抢救病人、救火等——重要且紧急。

B：打着紧急的幌子实际上可以拖一拖的工作，比如请客吃饭等——看似紧急，实则无关大局。

C：没有时间期限，但很重要，早做早好，比如说学习、锻炼、体检等——重要但不紧急。

D：不做也完全没有关系，比如说娱乐、消遣等——既不紧急也不重要。

对于任何一个普通人而言，一旦将手头的工作划分成以上四个方面，首先集中精力去解决最紧急最重要的事情，再一步步完成其他目标和计划，就能井井有条地打理好自己的生活。

当然我们要明白，标题中的“核心目标”到底意味着什么。比尔·盖茨说“如果你想同时坐两把椅子，一定会掉到两把椅子之间的地上”。对你而言，目前最重要的目标究竟是什么？不要被紧急但不重要的事情干扰视线，果断地将它放在一旁，找到你最核心的目标，按照核心目标来设立计划表。

行驶在大海上的船若没有明确的航行目标，任何方向的风都将是逆风。你我做事的时候若不围绕着核心目标来规划时间，就像一只无头苍蝇般被困在无尽的琐事里。职场中有两种截然不同的人，一种善于完成任务，一种善于达成目标。两者之间最大的区别在于，是否围绕着核心目标在填写自己的时间规划表。

前者将所有时间用在了完成一个个或大或小的任务上，看起来效率很高，实际上很多时候都是在做无用功。如果你做了百分之八十的工作，却只取得了百分之二十的收益，问题一定出在你身上。后者将大部分的时间、精力都放在了核心目标上，过程中做的任何努力都深深影响着核心目标的最后实施，久而久之，自然能够取得很大的进步。

在全球五百强公司的CEO中，绝大部分都来自麦肯锡。麦肯锡给自己的定位是顶级商业领袖人才的摇篮，而该公司对于顶尖人才的首要要求是：一定要深谙智慧的时间管理术。如何运用最短的时间、最少的精力来发挥出最大的效益是每一个商业领袖都很关心的问题，他们通常目光如炬，胸怀大局，无论是规划行程还是下达决策都围绕着核心目标来进行。

麦肯锡时间规划法告诉我们，要始终牢记核心目标，要将你的工作或人生看作一个整体来考虑，明确自己是谁，正在做什么，最想要的东西是什么。这样你所走出的每一步，都是在朝着核心目标前进。如果你同时盯住很多任务，你很容易失去方向。陷入迷茫中的时候，不妨后退一步，仔细观摩整个“大画面”，不断形成自己正确的人生价值观。

1985年，麦肯锡咨询公司在香港成立分公司，就此开启了在中国的业务。几十年间，麦肯锡人的脚步已经踏遍中华地区。麦肯锡在中华地区的一百五十多人的咨询顾问中，有七十多人来自中国大陆。如今，麦肯锡在中国市场积极招揽人才，范围遍布大陆多家名校。纵观麦肯锡咨询团队在中华地区的发展，我们可以看出，他们始终目标明确，从不轻易被外界的信息混淆判断。他们有条不紊地开展业务，招揽人才，在过去的三年间完成了一百八十多个项目，成绩斐然。麦肯锡的项目围绕着“明确今后五年间的产业政策和业务组合”的核心目标一共分为四大块，包括业务组合战略、业务群战略、规划与流程、实施方案。这四大块的落实为核心目标的实现提供了有力的基础。

一个真正优秀的人，一定要有敏锐的判断力，当生活或工作中的事情纷至沓来的时候，他们能够从无穷无尽的琐事中抽身而出，始终围绕着核心目标来制订计划，从而具体地付出行动。

丢了西瓜捡芝麻的人为数不少，搞错重心走错方向的也大有人在。每个人握在手里的时间都是一样的，很多人都有着相似的起点，可最后有的人却独占鳌头，将身边的人远远甩在身后，不是因为他天赋比其他人高，而是因为他内心目标明确，并善于规划时间。

目标明确的人不会被那些表面紧急实则无关紧要的事情牵着鼻子走。对于任何一个普通人来说，真正重要的事情不会超过百分之二十。只要将注意力牢牢集中在这百分之二十的事情上，所能够获得的收益会超出我们的想象。拿学生举例，对于一个普通学生来说，每周的测验、月考、期中期末考试看似紧急而又重要，但若你将所有的时间和精力耗费在这上面，其实是一种浪费。

如果你的核心目标是提高成绩，那么你最该耗时间花精力去掌握的，应该是独立学习、思考的能力，而不仅仅是死记硬背。围绕着核心目标来规划时间，有目的地展开行动，你将取得质的进步。心中始终牢记核心目标的人都是有着强烈的大局观念的，他们行事果断、有秩序、有计划，从不做无用功。

下班后约了重要的客户去打球，老板这时候却安排了一大堆需要熬夜加班完成的工作，先做哪一项好？如果是你，你该如何选择？业绩很重要，老板的任务同样重要。对于两项同样重要的事情，你得做出统筹和安排，看看哪个更紧急，就先处理哪件事情。

诸葛亮曾一边画着“事物分类表”，一边对刘备说：“将一只铁桶最大的容量看作一日内一个人最大的工作量。占据了绝大部分空间的碎石意味着既重要又紧急的事情，小石块意味着重要却不太紧迫的事情，细沙意味着紧急但不算很重要的事情，而水意味着既不重要也不紧急的事情……”

至于这四类事情在铁桶中所占据的具体的空间，则一目了然地展现在人们眼前。

你的时间规划表里的每项任务服务的对象都是那个既定的“核心目标”，从一开始的制订计划，到具体的实施过程中，都要始终围绕着核心目标来进行。核心目标将一盘散沙凝聚成顽石，让你多快好省地完成每日的任务。

做好时间规划的重要性

时间是不可再生资源，对于每个人来说都珍贵无比。想要提高办事效率，必须合理规划、科学分配时间。只要做好时间规划，做任何事情都将事半功倍。若能通过详细的规划及合适的技巧、方法和工具来有效管理时间，对任何人来说都意义重大。确立好目标、做好时间规划便能将浪费的因素减到最低限度，让时间经济效应得到最大的发挥。

合理高效地安排、规划好时间，科学地制订计划，养成时间规划的习惯，是踏上成功道路的关键性因素之一。当一个人萌发了规划时间的意识之后，他离最终的目标也就越来越近。

随着社会节奏的加快，职场上出现了大量的“穷忙族”。这些终日忙碌却又一无所获的“穷忙族”们之所以会有这样的生活现状，原因在于他们很不重视时间管理。如果你肯仔细研读麦肯锡时间管理方法，将获得巨大的收益。

时间可以说是这世界上最公平的事情，每个人每一天都只拥有二十四个小时，不管你是富翁还是乞丐，你所拥有的时间不会增加一分，也不会减少一分。做好时间规划，握在你手里的时间每一分每一秒都价值千金；忽略时间规划，时间就会变得一文不值。时间规划帮助你正确地认识时间、使用时间，教你打理好自己的生活，丰富自身的价值，让你变成一个更优秀的人。认清楚了时间规划的重要性，是走上成功之路的必要一步。

同时，在人生中，时间被浪费的情况是很严重的。这成了很多人心目中最大的缺憾，他们会不停地抱怨自己白白浪费了很多时间，以至于丧失了太多的机遇。你越早重视时间规划的问题，就越能避免这种缺憾的发生。人们之所以看着时间流逝还懵懂不知，是因为他们并没有为自己制定一份缜密、合理的时间规划表。想要告别这种迷茫、懵懂的状态，现在就要行动起来，定好阶段性目标，规划、利用好自己的时间。

明白了时间规划的重要性后，可以来了解一下时间规划的要点。麦肯锡人十分重视时间规划，并有着一套表面朴实、实则睿智的理论，在长期的实践中，这套理论已经得到了深刻的印证。下面我们来简单谈谈麦肯锡人有关时间规划的要点和建议。

一、频繁接触新信息反而会抑制创造性

你在为自己进行时间规划的时候，不妨试着将身边纷杂的信息屏蔽掉，适当地清空脑袋，这样更有利于你的思考。你受身边信息的影响越多，就容易被同化，个人的创造力也就无从体现。拿个人定位、目标来说，如果你对外界那些纷杂的信息偏听偏信，很可能找不到一个准确的定位，也许你会盲目从众，挑中一个不适合你的目标，这对于你来说并不是一件好事。你的时间规划会因为你个人定位、目标的不准确而变得毫无价值，对你产生不了丝毫的帮助。

二、自制：集中精力、过滤信息、适当休息

你的时间规划必须要合理，要符合实际，更要注重劳逸结合。你要为学习、工作匀出大块的时间，这有利于你集中精力。对于外界的信息你要适当过滤，并选择性地接收。而你对于时间的规划是否能够落实到现实生活中，完全取决于你是否足够自律。如果没有足够的克制能力，你必然不能保持专心，你的时间规划也就无从谈起。

三、找到你的“独处时间”

在做时间规划的时候，你必须将方方面面都考虑进去，尤其是“独处时间”这一块，不能轻易忽视。“独处时间”有利于使你的头脑保持清醒，让你随时展开反省和思考，让你随时能够修正自己的计划，这会让你变得越来越进步。

四、不回复抄送邮件，打电话胜过发邮件

在过去的几十年里，电子邮件已经成为最流行、最值得信赖的沟通新工具。通过电子邮件，你可以给地球另一端的朋友写信、扫描图像或者附加文件。因其便捷快速的特点，电子邮件的方式深受人们的喜爱。但麦肯锡团队特意指出，电子邮件会浪费人们大量的时间。不管是公司的高层人员还是基层员工，都曾面临邮件的轰炸，都曾在邮件上耗费了大量的时间和精力。

麦肯锡人建议，不要回复抄送邮件，如果打电话就能解决的事情，不要去发邮件，这样看似细微的举动却能为你节省大量宝贵的时间。举一反三，你在做时间规划的时候，要重视这些小细节，尽量优化我们的日常行程，也许能起到让人意想不到的好效果。

五、放弃事必躬亲的幻想

有些领导做事兢兢业业，不管做什么事都亲力亲为，不敢将权力下放，也不太信任团体的力量。这样不仅会导致自己的行程越来越繁忙，人也越来越显疲惫，没有精力去管更重要的事情。世界上不存在超人，你再厉害，也不能兼顾所有的事。何况，你若大包大揽将事情都扛在身上，同时也要付出相应的责任，你更没有时间去处理那些原本更重要的事情。

作为领导，不妨多考虑一些商业布局、发展战略等大方向、大动作，将执行权下放给旗下的团队、员工，自己起一个监督的作用就可以了。否则一个大企业，你若处处都想管，得累到吐血。

艾伯特年轻的时候曾是麦肯锡咨询公司的一分子，后来他在美国某家公司当了数十年的总经理。该公司在美国享有很高的声誉，在美国乃至全球取得了很高的业绩。作为总经理，艾伯特获得了无数的荣誉，让很多人都羡慕不已。在职期间，他曾为公司创下了超高的销售额，这一纪录至今无人打破。他还显示出了极其专业的管理技能，在带领团队方面很有一套。年轻时候，在麦肯锡的那段工作经验被艾伯特发挥得淋漓尽致，他最显著的特点就是很注重时间管理。艾伯特曾多次在公开场合中说过，对于一个企业来说，正确管理的基础是合理有序的时间管理。重视时间管理，企业将迎来蓬勃的生命力。

大凡在事业上取得不俗成就的人都是时间管理方面的高手。面对竞争的压力，要让自己变得更优秀才能更好地生存下去。合理地规划好时间，你完全可以将自己雕琢成更完美的人。越早进行时间管理，你的人生就越轻松如意。

人为制造的忙碌有多少？

成功者都是时间管理的高手。什么是时间管理？它是一门严谨的科学，它最核心的目的是让你去亲近时间、利用时间，而不是去应付时间或被时间利用。你是否感觉自己很忙？你是否觉得自己所有的时间都已被必要的工作塞满，来不及休息，来不及调整状态，甚至来不及喘一口气？

也许你觉得自己很努力，但如果你一天花十个小时都解决不好一个小问题，你就要开始反思了，即你的忙碌是否有价值？你是不是正在瞎忙？

我们反复强调，每个人拥有的时间资源都很有限，即使真的活到了一百岁，你这一生中真正可以支配的时间最长也不过二十万个小时。如果你是时间管理的高手，就能将这有限的时间打理得井井有条，成为自己生活的主宰，驾驶着时间之船前往正确的方向航行，而不至于迷失在忙碌的迷雾里。

人为制造的忙碌究竟有多少？很多时候，并不是时间不够用，而是因为你没有将时间花在刀刃上。你之所以会坠入“穷忙”的深渊，与以下几个问题息息相关。

一、杜绝工作狂，杜绝表面的瞎忙

人们为了完成工作，不得不逼着自己成为工作狂，这也是现今社会中的一种普遍现象。据统计，近几年，大多数人投放在工作上面的时间比以往增长了百分之四十，投放在娱乐上的时间却比以往减少了百分之三十。迫于生活压力及各方面的原因，越来越多的人成了工作狂。

适当的加班情有可原，长时间超负荷工作状态却会产生种种不良后果。研究证明，工作时间长期超过八个小时，人们的状态会变得越来越疲软，工作效率也会大大下降，这也会直接扰乱生活节奏，促使人们的工作状态每况愈下，需要越来越多的时间弥补工作上的失误，这就陷入了一个恶性循环。

实际上，你之所以成为工作狂不是因为你有多热爱工作，而是因为在规定时间内你过低的工作效率无法支撑你完成每天的工作任务而已，与其熬夜加班，不如想法提高工作效率。

为了让自己的工作变得高效起来，不妨多使用以下的方法来操作，让自己早日告别工作狂。

A. 每日按时更新工作日志，详细记下自己的工作内容、状态，能够帮助自己分析、思考自己的优势及不足之处。每日都给自己设置清晰的目标，努力去完成。

B. 审视自己的工作计划表，看看是否有不符合实际的地方，在相对难啃的工作上匀出更多的时间。

C. 拎出每日的工作重点，或者最紧迫的工作，先集中精力解决它，再考虑别的问题。

D. 明确自己的职务范畴，对于不属于自己的工作要敢于拒绝。无论出于什么原因，尽量不要无条件地为别人分担工作，这样不仅会加重了自己的负担，还可能造成吃力不讨好的结局。

E. 懂得利用团体的力量来解决个人无法应付的难题。

美中贸易全国委员会主席唐纳德在《提高生产率》一书中提到了提高工作效率的“三原则”，即在做每一件事情之前，为了提高效率，应该先问三个“能不能”：能不能取消它？能不能把它与别的事情合并起来做？能不能用更简便的方法来取代它？而这三原则总结起来，便是审视自己的工作，拒绝盲目的忙碌。

唐纳德说：“我们就可以取消一些无关紧要的事情，甚至是纯属浪费精力的事情。还可以试着把几件事情并到一起，一块解决。也可以提醒自己想一想有没有更简便的做事方法，可以提高工作效率。这样，我们不但可以有选择地做事情，而且还可以有方法地做事情，这样一来不仅可以避免浪费时间，而且还会节省不少的时间。”

事实上确实如此，许多人工作过度而吃力的真正原因并不是工作太多，而是因为没有计划。没有计划，就会使人陷进胡乱的忙碌中，做事没有条理、丢三落四，平白浪费掉不少宝贵的时间。

有的时候，人还可能会被一些不在计划之内的事情缠住脚步，导致正在做的事情没做完，该做的事没时间做。

所以，如果读者有很多的事情等着去处理，那么一定要提前做好计划，这样不仅可以系统地安排你的时间，还可以把杂乱的事情整理得有条理一些，防止有遗漏。

二、正视“时间杀手”——突如其来的危机

在工作和生活的过程中，人们总是会遇到各种各样的突发事件，不得已拖缓了工作进度，使我们变得越发忙碌。这也是造成人为忙碌的原因之一。

突如其来的危机是最让人难受的“时间杀手”，它经常搅得我们的生活一团乱，让人变得疲惫不堪，更使得工作的进程越来越艰难。想要避免这种事情的发生，就得未雨绸缪，提前做好准备，尽一切努力避免危机的发生。

当危机出现的时候，也不要过于慌张，你可以用以下的方式去科学处理。

A. 保持头脑冷静，避免冲动行事。如果你感情用事，仅凭直觉去处理危机，只会带来更大的危机，从而浪费更多的时间。当危机出现的时候，你要预估清楚危机的破坏力，想清楚它的来龙去脉。不要过分担心某些不必要的问题，如果现场有专业人士，就放心地交给他们来处理。你越焦虑，越手忙脚乱，就越容易坏事。

B. 在做工作计划的时候，就要考虑到各种危机出现的可能性，提前想好解决方案，并留出适当的缓冲时间。防患于未然，才能最大限度地减少危机的影响。如果你的工作日程中写明，下周要飞往另一个城市参加一个紧急会议，你就会考虑到各种可能出现的意外和危机，比如航班延迟等，做好两手准备。

生活中的诸多繁忙都是不必要的，这些表面上的忙碌并没有让你的工作完成得更出色，没有让你变得更优秀，也丝毫没有改变你的生活。省去这些人为制造的忙碌，你将节约出更多的时间，如果将它们合理地投放到最重要的工作上去，你的人生将走向更为顺畅的轨道。

不必要的忙碌除了降低你的工作效率、影响你正常的生活节奏外，并不会给你带来其他的收益，反而让你变得疲惫不堪。生活中有很多努力的人，却收效甚微，他们正是陷入了人为忙碌的陷阱中。怀有明确的目标，让你的生活变得简洁有序起来，才能一步步走上人生的巅峰，而这正是时间管理的意义和价值所在。

理清时间管理中的问题

英国著名教育家郝胥黎曾说：“时间不偏不袒，它给予任何人都是二十四小时；时间又最偏袒，它给予任何人都不是二十四小时。”同样的时间，有人完成了百分之百的工作，并创造出了百分之八十的收益，你却只完成了百分之二十的工作，创造的收益还不足别人的一个零头。

面对这样的情况，你是否曾拿这样的问题反问过自己：是什么偷走了你的时间？是什么让你收效甚微？也许你已经认识到了时间管理的重要性，脑海中充斥着或清晰或模糊的概念，你甚至为自己制订了一份时间计划表，期待着自己能够变成最老到的时间管理者。但遗憾的是，你的计划常常被打乱，还没持续三天便已被你抛到脑后，生活又恢复了老样子。你还是那个不懂得规划时间，不知道怎样打理生活、提升自我的人。

当你进行时间管理的时候，你也许会碰上各种各样的问题，这些问题难免会成为你进步道路中的绊脚石。不妨在下文中一一理清这些问题，并找出合适的解决方案，下定决心搬走这些绊脚石，并将时间管理坚决地贯彻在生活和工作中。

问题一：什么事都想做好，却什么事都做不好。

有一位商业精英曾在麦肯锡工作过一段时间，他回忆说，那一段经历给了他很大的启迪，由此他懂得了一个深刻的道理，那就是不必事事苛求完美，因为你不可能达到完美。人的精力总是有限的，需要处理、解决的事情实在太多了，如果不能学会及时放手，你的时间管理规划就会出问题，更会使自己处于一个极其尴尬的境地。

你给自己设计的时间规划表不能太过密集，也不要同时出现若干个极难完成的核心目标。一个阶段性的核心目标足矣，加上一些围绕着核心目标进行的小目标，便是一份合理的时间规划表。当你攻克了那一个个小目标的时候，你离那个最大也最难完成的核心目标也就越来越近了。

比如说，某家企业去年提出了三大目标：一是实现跨界转型；二是实现内部改革；三是实现市场份额第一。企业上下为了这三大目标忙活了一整年，到了年尾一清算，结果发现这三大目标一个都没有实现。为什么会出现这样的问题？因为这家企业太过急功近利，什么都想做到最好，却没有依据企业的现实情况和整体的市场环境制订出更合理更靠谱的目标管理方案。

时间规划也是这样，一口吃不成个胖子，一段时间内，给自己设置一个核心目标，才是正确的做法。

问题二：无法控制自己的时间，从而也在浪费别人的时间。

梅丽是著名的生物学博士，任教于美国某一流大学。后来，梅丽被学校提拔为微生物学系主任，除了必要的教学工作和学术研究外，她还要管理一个由学术人员、助手、行政、文员组成的大部门。不久后，梅丽发现自己陷入了两难的境地。每日处理完手头的工作后，她还得参加各种冗长的会议，公事忙完，她还得继续忙着解决私事，她觉得自己越来越不自由，时间越来越不够用，几乎被系主任这个职位困住了手脚。

梅丽的丈夫皮休是麦肯锡咨询公司的高级顾问，他耐心安慰着妻子的情绪，辅佐着妻子处理各种要事，并不时地向她传授一些时间分配、管理的小技巧。有一天，梅丽情绪沮丧地说道："现在的我，每天都要参加各种会议，我几乎来不及做准备工作，我临时收集的资料很难跟上会议的进程，由于我的原因，很多会议都会中途暂停好几次，噢，天哪，我觉得参加这些会议简直是在浪费时间……"

皮休轻声说道："亲爱的，既然你已经意识到了这个问题，就务必要做出某些调整和改变了！你得去控制自己的时间，不要被时间控制。"

梅丽接受了丈夫的建议，她认识到，自己对待这些会议的态度实在是太敷衍了，这不只是在浪费自己的时间，也是在浪费别人的时间。她将自己的时间划分成更细致的一块块，专门为会议的准备工作匀出了一块时间。在她的努力下，会议的进程变得越来越快，效率也越来越高，还解决了不少实际问题，对梅丽的工作起到了很大的帮助。

作为麦肯锡的高级顾问，梅丽的丈夫皮休当然明白时间管理的重要性，当你正面临着数不清的工作的时候，一定要更合理地分配你的时间，还要打起十二分的精神去面对那些让你疲倦的事。你表现得越懈怠，这些事情就越能浪费你的时间，将你的生活搅得一团糟。你要积极地对面对它，极力发挥出它的作用。

问题三：无法认清自己的价值，不知什么样的目标适合自己。

麦肯锡咨询顾问埃布尔森认为，无法认清自己的价值的人，是成不了合格的时间规划者的。这里的"价值"指的是你脑海中思考的一切，你无法明确自己的价值，自然不知道什么事情值得做，什么样的梦想值得努力，你更不会知道自己应该树立怎样的人生目标。这样的你，自然成不了时间的掌控者。

价值是你努力的向导，你的每一份时间规划表都应当体现你的价值和你的奋斗目标，这样它才有意义，才有可行性。有的人，目标极不清晰，他的时间规划表也很乱，从那张计划表中，你看不出他想成为怎样的人，他想过怎样的人生，你看不出他对自己有怎样的定位、怎样的期待，你对他努力的方向感到很模糊。

一定要先清楚你的价值和目标，再一步步完善你的时间规划表，这会让你的努力变得更有效。

理清时间管理中的种种问题，你会对时间管理的概念有一个更清晰的认识。你也更能深刻地认识自己，游刃有余地做出一份适合自己的时间管理清单。

神奇的公式：U＝EV/ID

《拖延心理学》的作者简·博克说："如果你在很长一段时间里都觉得拖延严重影响到了你的生活和工作，且让你产生负罪感、自我厌恶感、极度紧张和忧郁等种种负面心理，那你极有可能患上了拖延症。"做事喜欢拖延几乎是每个人都有的毛病，相信大部分人都不存有故意心理。就像习惯丢三落四的人一样，你能说他们是故意忘东忘西吗？拖延的人也是这样，他们主观上很痛恨这样的自己。

关于拖延症，有一个神奇的公式：U=EV/ID。其中，"E"代表你对任务获得成功的信心，即期望值；"V"代表你对任务感到愉快的程度，即愉快值；"I"代表任务的紧急度；"D"代表你多久会收获回报；"U"代表你的效率，指代你完成任务的欲望值。"U"与"E""V"成正比，与"I""D"成反比。

拖延公式是计算一个人能够克服拖拉习惯的概率公式，之所以说这个公式很神奇，是因为通过这个公式，你可以分析出自己的拖延数值，并用这个公式来帮助自己尽量减低拖延症的危害，提高工作效率。

在如今这个信息爆炸的时代中，随着电子产品的普及，拖拉问题变得越来越严重，因为人们越来越容易分心。有人说，患有拖拉症的人也许极度追求完美，过于苛责细节，才迟迟不愿动手；也许仅仅是因为懒惰到了极点。这种说法有着一定道理，却并不全面。拖拉症严重的人可能并不懒，他很在乎任务是否能够完成，这一点与生性懒惰的人毫不相同。当然，这两点都会产生拖拉的现象。

结合拖延公式，我们来简单谈谈拖延症的起源。人们之所以喜欢拖延，是因为每个人都有着自己的喜好，如果可以的话，相信每个人都会选择去做自己感兴趣的工作，拖延公式中“V”指代的就是这种心理。一个人面对不喜欢的工作，自然会拖拖拉拉，不到最后一刻都不愿意动手去做。

同时，如果你喜爱的工作有着时间和质量的要求的话，想必你也不会做得那么痛快。你极有可能会为自己找出各种逃避的借口，拖拉不停。也许你会丧失自信，也许你会质疑任务的回报率，这些因素都是导致你拖延的原因。

想要落实你的时间规划表，你得不屈不挠地和拖延症做斗争，否则一切都是纸上谈兵。下面我们来分享一些克服拖延的小技巧。

一、让你的工作计划表越发详细，给每个小任务都设立相应的完成期限

将一个大任务划分成一个个小任务，将你的时间划分得越细致越好，详细地在工作计划表中注明哪段时间该完成哪项任务。如果拖延了其中任何一项小任务，都会关联到最后的大任务的实施，你自然会产生一种紧迫感。总而言之，将目标渗透入每一天每一个小时中去，一点点完成它，对自信心也是个极大的鼓舞。

二、工作效率低的时候，及时转换环境，集中精神重新开始

环境对于工作效率有着极其大的影响，如果你躺在床上背书、写作，恐怕背着背着、写着写着不由自主就睡着了吧。在嘈杂、热闹的环境中，你也不容易集中精力。找一个安静的、工作氛围浓厚的环境，再开展工作，也许

能够起到事半功倍的效果。

三、努力主动远离那些造成拖延的诱惑

有人一边工作一边看手机，没事就刷刷朋友圈，这样下去工作效率怎么高得起来？你要对自己的行为有着理性的认识，不要放任自流，而要努力去远离那些促使你放下手头工作的诱惑。该工作的时候专心工作，该玩乐的时候尽情玩乐，这才是正确的态度。

四、和志同道合的伙伴一起建立目标，追逐目标

如果感觉自己“撑”不下去的时候，不妨找个志同道合的伙伴来“监督”自己。互相交流感受，督促对方的工作进度，一起为目标拼搏奋斗，相互打气，克服拖延症的“侵蚀”，对双方而言都能带来莫大的好处。

五、在着手展开工作之前，先主动分析自己的优缺点，以及工作中需要用到的各种技能

准备工作不能省，你若不事先做好一些必要的准备工作，就盲目地、毫无方向地开展工作，一定会碰到各种各样的钉子。困难会打击得你寸步难行，会极大地挫伤你的自尊心，你甚至会对手头的工作产生畏惧、逃避的心理。这一切都会让你不由自主地将工作拖延下去。但你若在工作开始之前就做好了准备工作，工作就能变得容易得多，你也有信心继续做下去。

六、随时记录自己的工作进度，以便自我监督

你可以试着评估一下自己完成每项工作需要花费的时间，并养成随时记录的好习惯。根据个人情况，你或者先做最擅长、最熟悉的工作，或者将这些较拿手的工作放到后面去做。

七、先摘好摘的果子，让事情变得简单

很多时候，拖延是因为找不到更好的切入点去解决面前的难题，而越拖延，心里就越焦急。有时候，你不妨试着从最简单的问题开始，先易后难，逐步解决问题。如果你手中正有一份设计工作，你却不知道该从何处下手，

随着交稿日期的逼近，精神压力可能会逼迫得你越发无法投入工作。为了避免拖延，加快进展，你要“先摘最好摘的果子”，先完成一点工作，帮助自己进入状态。

有一次，麦肯锡的一位新人顾问在为某经纪公司提供咨询服务的时候，遇到了很棘手的问题，工作一度遇到了瓶颈。经纪公司主管及以上的领导者们对他大多采取着不以为然的态度，多次拒绝配合他的工作，这位新人顾问自尊心受到了极大的打击，对手头的工作也产生了抵触的心理。他一天天拖延着，再不想去那家经纪公司。负责带他的导师察觉出了这一点，劝导他说：“拖延、逃避只会让问题越来越严重，想要开展工作，先得去找到一个好摘的果子，工作效率一旦提高，对方公司对你自然会提起信心，你目前的拖延症也能迎刃而解。”

新人顾问接受了导师的建议，他经过一番缜密的思考，决定另辟蹊径。通过各种渠道，他收集到了有关这家公司的各种资料。与此同时，他与该经纪公司的后勤部的高级主管做了一次深入沟通。在新人顾问的坚持下，对方最终同意为他安排一场会议。会议中，顾问当着多位领导的面提出了该经纪公司在经营管理中的各种问题，不仅表明了态度还显示出了自己深厚的专业素质。对方领导对顾问刮目相看，在后续的工作中，尽管顾问还是不停地遇到各种难题，他却成功克服自己遇事便拖延、逃避的态度，反而勇敢地去面对，最终圆满完成了这次任务。

七、停止等待，现在就开始行动

你是否还在等待着一个合适的、完美的时刻去开展计划？实际上，你经常会将这个时刻推到明日，这便是“明日复明日，明日何其多”的由来。很多人都有着迫切想要改变的欲望，却总是不肯付出行动。尤其对于商业人士来说，商机稍纵即逝，你拖延一会儿，就会被同行远远甩在身后。成功人士都是当机立断，说做就做的。他们不会瞻前顾后，等待那个所谓的“好时机”的出现。想要战胜拖延，就从此刻开始。

拖延症几乎是每一个社会人的敌人，因为拖延，他们失去了很多机会，甚至走上了截然不同的人生。他们陷在拖延症带来的负面影响中不可自拔，工作的效率越来越低，生活也越来越不顺利。战胜拖延症，你将拥有一个不一样的人生。

第九章 检查并堵住工作中的漏洞

“你以为的”不是真的

在成长的过程中，人们逐渐形成了一套完整的思维定式，那些被认为是确定无疑的、无可辩驳的事情慢慢在人们的认知里演变成了千真万确的“事实”。因为这套思维定式，人们从不去怀疑那些“事实”的正确性。如果有人来告诉你“1 + 1”其实不等于 2，你一定很难接受对方的观点。但实际上，那些你以为的事实并不一定就是真的。

马克·威廉曾就职于麦肯锡咨询公司，他在为一家清洁能源公司做市场咨询的时候，因这一套古板、僵硬的思维定式差点让自己的职业生涯蒙上污点。每当他在思考问题的时候总忍不住拿出一条试验过多次的思维准则作为衡量的标准，并以这条准则为基础，来判断、得出结论。谁知竟屡屡失误。

几天后，威廉终于认识到了问题的所在，他试着跳出这套准则，用新的眼光、思维来判断目前正在发生的事情。他这才惊讶地发现，因为那条准则的误导，他正向着错误的方向“策马疾驰”。威廉立刻改变了自已思考的方式，最终他为那家公司解决了困扰多时的问题，也成功地挽回了自己的声誉。

没有对思维的谨慎验证、检索，就这样理所当然地想问题，是很多人都会犯的毛病。在学习中，每一门学科都存在着一整套约定俗成的定理和准则，在人们的观念中，这套准则的正确性不容置疑。在工作中，总有着一套老生常谈的经验等待着新人们来膜拜、来吸收、来学习。在生活中，人们总会被教导各种条条框框，来规范自己思考的方式。

你确实学到了很多有用的经验，但同时也扼杀了独立思考的天赋。这些“事实”可能会告诉你，“三角形是最稳定的状态”“两个偶数之和还是偶数”；可能会告诉你，“严重的通货膨胀时期，黄金是最值得购买的保值商品”；可能会告诉你“人类等级之分牢不可破，自出生起就已经决定”。是的，这些“事实”有对有错，那些“你以为的”事情并不一定就是正确的。

为什么人们总是依附思维定式来思考问题呢？有事实做依据的好处是，你相当于站在“巨人”的肩膀上去寻找线索、去撬动真相，这样的“事实”相当于你手里的一根“杠杆”。但若想让这根“杠杆”发挥出预期中的效果，你首先得保证它的正确性。有时候，你所信赖的事实根本不存在，或者根本是个错误、虚假的信息，你那一整套判断和猜想，你之前所做的种种努力也就随之坍塌。

在商业领域，这样的事情屡见不鲜。所谓“失之毫厘，谬以千里”，有的企业会特意将一个虚假信息提供给竞争对手，对方若把它当作事实，思维就会被带偏，乃至做出种种荒唐的决策。想要解决或避免这个问题，就得突破思维定式，养成敢于质疑的好习惯。

沃尔玛公司流传着一个著名的“女裤理论”，对于营销界来说，“女裤理论”曾经是一个不容置疑的事实。当初，一名登记员在对手头的一批女裤进行价格标记的时候，犯了一个小差错，最后却凭着这个小差错带来了巨大的收益，这就是“女裤理论”的由来。原来，这名登记员在为女裤标记价格的时候，不小心少写了一美元，事后却发现，这批女裤的销售量比平时多出了三倍。总公司非但没有亏损，还狠狠地赚了一笔。这以后，薄利多销的“女裤理论”被商界人士们奉为真理。

做橡胶制品生意的德伯雷公司却差点被这套“女裤理论”所坑害。德伯雷公司为了抢占东欧市场，一开始便采取了“女裤理论”，不到半年，公司便出现了很大的问题。财务在清算收支的时候发现，表面上，德伯雷公司的市场份额正在不断扩大，实际上，公司的资金链却已经出现了断裂的迹象。德伯雷公司采取的薄利多销的方式虽然对市场的扩张很有帮助，却同时也带来了产品利润被过度压榨、回款时间长的问题。

在等待回款的过程中，东欧各国的汇率随时都会发生波动，因为汇率问题，德伯雷公司吃了不少暗亏。回款不及时，公司还得源源不断地拿出资金投入到生产和销售的环节，资金链已经到了一触即溃的地步。德伯雷公司从一开始就坚持的“女裤理论”是营销界的真理，为什么依照着这套理论，公司非但没有取得预期中的收益，还到了崩溃的地步呢？原因就在于人们错误地迷信“销量越大，利润越多”的“事实”。

人们对这套真理深信不疑，但销量越大，利润真的会越多吗？这令人质疑。一条裤子，你卖了一百次，每一次都能盈利一百美元，收益不错。但你若能将它卖上一千次，纵使每一次只能盈利五十美元，加起来的总数也比只卖一百次多。照这样说，似乎“女裤理论”真的很有道理。

实际上，事实远非如此。如果你卖上一千次，每一次只能收益五美元，再刨去销售环节中必要的支出，你卖得越多，反而越会吃亏。德伯雷公司正因犯了这样的错误，才会遭遇滑铁卢式的失败。

麦肯锡逻辑思维课告诉我们，在看待问题、分析问题和解决问题的时候，千万不能从你的主观意识出发，“你以为的”就一定是事实吗？不要太坚信自己内心早已认定的一些事情，你要知道，这个世界瞬息万变，某些事情纵使真的是事实，下一秒可能就变成虚假或不存在。你要随时更新自己的观念，不要固执地死守着老一套不肯改变。

如果你的立足点是所谓的“我以为”，就要做好失败的准备。太过执着、自信的人总容易陷入各种各样的逻辑谬误。随时让你的大脑接受新思想，随时改变自己看待问题的角度，才能建立起缜密、严肃的逻辑思维。选择从客观实际出发，还是以主观臆测为立足点，全在于你自己。而逻辑思考的必经途径一定是经验验证的客观事实，在这个基础上，盲目相信自己肯定不是一件好事。

专家说的未必是对的

对于深陷泥潭的商业人士而言，麦肯锡无疑是最值得信赖的专家。只要能够帮助解决难题，花费再多的金钱也值得。作为麦肯锡咨询公司的顾问，他们却从不轻易相信权威。每一名麦肯锡咨询顾问为了能够给服务的企业提出建设性的意见，他们会不断地收集相关信息和资料，并在一次又一次的实践中锻炼、强大自身逻辑思维能力和解决问题的能力。

尽管麦肯锡人相信的很多理论和解题工具都来自企业管理专家及商业大亨们的研究和总结，但这一切都建立在“事实”的基础上。麦肯锡团队上下都信奉一个原则：一切依归于事实。他们从不盲目相信权威，他们将永远站在客观事实这一边。所以说，麦肯锡人与普通人最大的区别在于：既不崇拜自我，也不迷信权威。

普通人站在所谓的“权威”面前，总会心生崇敬之情，仿佛不由自主。权威对于他们而言，意味着百分之百的可靠，他们也愿意将全部的信任一股脑儿地“倾泻”在权威身上。权威说什么，就信什么；权威做什么，便一窝蜂地去模仿。从逻辑思维的角度而言，这种想法大错特错，你若将它付诸行动，会逐渐失去独立思考的能力。

逻辑学中存有一个致命漏洞，被人们称为“起因归谬”。在逻辑思考中，人们经常会犯这样的错误：当人们根据一件事物的本源事实轻易推断到此事实当前的信息，并坚信这个信息的正确性，这便是“起因归谬”的定义。很多人对冬天吃西瓜这件事接受不了，他们认为西瓜在夏天瓜熟蒂落，只能在夏天吃，不能在冬天吃。这无疑是一种过于偏激的想法，亦是“起因归谬”的有力印证。

食品安全领域的专家约翰·布利法博士曾在著名杂志《食品观察家月刊》上发表了一篇文章，其中提到：人们吃了原本用来供应给小奶牛的奶，就此引发了一系列健康问题。这篇文章一问世，便掀起了轩然大波。普通民众们对约翰·布利法博士的话深信不疑，并将人类的鼻塞、鼻窦炎、湿疹等病因都归结到了牛奶上。

直到相关人士出来辟谣，这场风波才逐渐平息下来。事实上，人喝了牛奶，非但不会生病，还能强身健体。按照约翰·布利法博士的说法，人类应该不吃不喝才对，因为万事万物都不是为了变成人类的食材而来到这个世界上的。

一件事情有着怎样的起源，与它之后的用途，关系不会太大。用事物的本源来评测事物的发展，这种典型的伪专家思维，实在是要不得。举个例子来说，拉丁文中的“贵族”一词便是英文中“慷慨”这个单词的前身。可能是因为那时候的贵族总是那么的大方豪爽，到了今天，“慷慨”却不单单只用来形容“贵族”了。它的含义越发丰富，指代的对象范畴也越来越广。

一个事情的起源，当然与事物本身有着丝丝缕缕、牵扯不断的联系。但是以起源来评断一切，就显得过于莽撞与粗鲁了。这便是“起因归谬”的由来。

有时候，人们太过迷信专家的力量，是因为人们上了“起因归谬”的当。事物的起源给了人们一个先入为主的印象，而这足以扰乱人们的判断。一句话若是出自一个臭名昭著的杀人犯之口，恐怕没有人会轻易相信。若是这句话从一个颇有声望的专家嘴里说出来，却会受到追捧和信任。

人们总会选择相信某领域内的权威，当他们提出某观点的时候，人们下意识的反应一定是赞同、夸奖。人们会毫不犹豫地加入权威的阵营，为他们摇旗呐喊。敢于公开质疑专家公信力的人也有，但是少，大部分普通民众都是盲目的追随者。

想要破除“起因归谬”，必须做到以下两点：

一、有意识地忽略事情的起因、本源，独立思考后得出客观评价

“起因归谬”本质上是起因影响结论的一个思维漏洞，如果我们在接受信息的时候，人为地忽视其起因和本源，有利于保持清醒的头脑和清晰的判断力。麦肯锡人在为各种企业做咨询顾问的时候，从不会因为某本书里记载的一个结论，而去轻易地下定义、做决策，也许他们会引用权威专家的论述，但是会反复考证其正确性。

二、小心求教，大胆考证，用事实验证一切

当你为了一件事情的起因而对其现在的状况难以做一个清晰判断的时候，不妨将事情的起因抛至一边，用事实来为你答疑解惑。奶牛的奶是给小奶牛喝的，那人喝了有没有害处呢？圈定几百、几千人为实验对象，收集资料，看看真实的情况是怎样的，答案自然能够水落石出。在解决商业问题的时候，若是怀疑理论工具的可靠性，不妨用事实给出验证。

逻辑学中，同样存在一种明显的谬论，被称为“诉诸权威”。当人们过度迷信专家、权威说的话而对基本的逻辑、证据视而不见的时候，无疑是上了“诉诸权威”的当。在很多人心中，专家们的话值得信任。在这种情况下，盲目崇拜专家、滥用权威之类的事也就见怪不怪了。

麦肯锡公司全球董事合伙人吴海先生曾在北大国际进行过一场演讲，

与在场的师生们分享了自己在麦肯锡十年的珍贵经历。从员工到项目经理、资深项目经理、北京分公司总经理、副董事再到全球董事合伙人，这一路走来，他感慨良多。随着经验的丰富、身份的递进，他不断寻求着自我的发展和成长，而麦肯锡，亦教会了他很多。

吴先生说，麦肯锡咨询公司最重视的是对人才的培养，在多年的实践中，麦肯锡逐步形成了一整套人才培养系统。首先，麦肯锡一向以人为本，尽力挖掘员工最大的潜质。麦肯锡为每一名员工都配备了一名导师，导师们以引导员工的独立思考精神的方式来帮助员工做项目，并同时着重培养他们的质疑精神，这是导师们的重要职责之一。

其次，公司为了吸引来自世界各地、拥有各种技能的优秀人才，并形成一个高效团队，一向提倡兼容并包，排斥论资排辈。尽管一个团队中的员工有着不同的级别、职位，但一旦出现问题，每一名员工都有畅所欲言并坚持自我立场的权利。麦肯锡绝不希望员工们屈服于专家的观点，如果一些新人能够提出更好的点子，不仅不会被忽视，反而会受到奖励。这一切都是为了激发员工的灵感和创造力。

专家的话纵使有极强的借鉴意义，也不该被全盘接受。将专家的话尊为圣旨的人，无疑是十分可笑的。麦肯锡人向来尊崇有着独立思考能力的人才，他们努力将自己变成领域内的专家，却从不迷信专家的话。专家说的未必都是对的，如果你的一言一行都依照着专家的话来要求自己，你的路将越走越窄。

没有事实做支撑是不可信的

腓特烈是历史上著名的铁腕皇帝，他曾给后人留下了一句十分有意思的话："如果你喜欢什么东西，别多说什么，将它抢过来。你的辩护律师会为你找到最合适的理由。"

仔细剖析这句话，人们会发现这样的逻辑：如果你认为自己的立场是正确的，就一定要死守住"阵地"，你总会为你的立场找到合适的理由。

这个逻辑是值得信赖的吗？不一定。某些时候，它甚至可以称得上是一种"强盗逻辑"。尽管你为自己找到了开脱的理由，并成功获取了一些人的拥护，但却不一定能够站稳脚跟，没有事实做支撑，它始终是不可信的。

一加一等于三？面对这个问题，你也许会说："开什么玩笑，这不是胡说八道吗？"但若抱来一只公猫、一只母猫、一只小猫，你却会变得哑口无言，这不就是典型的"一加一等于三"吗？可见，若没有事实做支撑，再可信的话也没有人相信；若能列举出事实，再无稽的话，也能站稳脚跟。

逻辑思维的基础一定是事实，没有事实做支撑，你的逻辑再"华丽"，你的言辞再动人，也不值得信赖。一个诈骗高手通常擅长编纂各种各样的故事，因为他口中的话大部分都是谎话，但无论他说得多逼真，你也能从一些细节中找到逻辑上的漏洞，因为他的话并没有客观事实做支撑，你只要仔细倾听，很容易找出其中自相矛盾的、与现实相违背的点，这时候想要一举揭开他的谎言就是很简单的事情了。

感性思维和理性思维是人的思维的两种方式，其中寻求喜欢的方式达到目的的行为被称为感性，寻求直接、有效的方法达到目的的行为被称为理性。按照定义来看，貌似理性思维更依赖于事实，而感性思维更偏向于主观情感。实际上，不管是感性思维，还是理性思维，都得运用事实来做支撑，才能无限接近问题的核心。

推理、假设是逻辑思维中无比重要的方法，它必须以科学原理和事实为依据。不以事实为支撑的、天马行空式的推理只会将人们引入弯路，诱导人们做下错误的结论。提出假设、推理真相必须要从客观事实出发，不能凭着一己好恶天马行空地胡思乱想。

而批判性思维更是要从事实出发，以真实情况作为参考，进行洞察、分析和评估，力求论点、论据公平公正、不偏不倚。如果你将事实抛到一边，以主观情绪为立足点，你的逻辑从一开始就站不住脚。

一个人无论对自己那一套逻辑思维多有自信，它也得去经受现实的检验。不管你的见解多么独到新颖、精彩绝伦，只要它不符合事实，你就得去接受别人的质疑和批评，并及时认清事实，修正自己的思维，改变自己的思考方式。

想要成功说服别人，想要得到别人的信任，一定要从事实出发，围绕着事实来建立一套完整的思维模式。现实是“因”，我们思考后得出的结论是“果”，当事实呈现在那里的时候，我们才能进行具体的思考和合理的想象推理，这样的思路才是最正确的。

在麦肯锡人看来，想要解决问题，就必须遵从事实。当公司内部团队接到一个项目后，团队成员们会在第一时间内将项目资料收集完备，并针对这些资料进行梳理研究，将无可辩驳的事实一条条列举清楚。这一切都是在为第一次团队会做准备，掌握了这些事实资料，他们才能分析问题产生的背景、发展的过程和趋势，并做出有效的预测。

一位麦肯锡资深项目经理说："只要成为麦肯锡的一分子，便要掌握收集和分析事实的能力，这也是你存在的理由。"这位项目经理之所以有这样深刻的感悟，是因为他职业生涯中的某次经历。当时他正负责一家保险公司大单项目的跟进和审核。有一天，他突然想到，恢复客户利润率方法其实是在减少"漏出"。他说的"漏出"，指的是没有经过金额理算就支付赔款的行为。他在保险公司方面提出了这个看法，对方却对他的观点表示怀疑。

这位项目经理为了证明自己观点的正确性，特意派出自己团队中的一名顾问，去针对过去三年中人寿保险索赔的"漏出率"进行计算。顾问为了完成这项工作，搜集了大量的案例，在经过缜密的计算和统计后，得出了一系列数据。项目经理看到这些数据后便皱紧了眉头，这些"漏出率"远远少于他的估计。然而，不甘认错的他挑选了一些对自己的观点十分有利的数据，并将它上呈给保险公司。在那之后，这位项目经理内心深受煎熬，经过一番思考，他终于决定，对保险公司承认错误，交代自己的观点缺乏真实事实的支撑。这次事件后，项目经理痛定思痛，处理任何事情都以事实为基础，用行动来弥补自己的过错。

麦肯锡公司在为服务企业做商业咨询的时候，为什么会如此重视事实的力量呢？原因有两点：

首先，在麦肯锡管理层看来，遵循事实的观念能够让团队成员们抛弃主观，变得更虚心、更诚恳。

所有人都认为，麦肯锡的每一位顾问几乎都可以算得上是一位“通才”，因为知识修养、见识或者实践经验，他们对每项领域都有着或深或浅的了解。但是即便如此，在某些不擅长的领域他们还是比不上专业人士。但正是因为那一丝丝的了解，顾问们可能会产生某种优越感，他们可能会因此变得主观，不够虚心诚恳。培养他们时刻以事实为核心的观念，便是在阻止这一点的发生。

其次，遵循事实的态度，为麦肯锡咨询团队获取更多的信任。

麦肯锡公司的员工们在实践经验的过程中，会逐渐明白事实的重要性。在任何时刻，他们绝不回避事实，绝不惧怕事实，反而主动寻找事实，并合理地利用事实。这是麦肯锡的优良传统，在他们看来，事实是基础，且最有用。因为这种态度，客户们会对麦肯锡团队给予全身心的信任。他们相信诚恳、经验丰富的麦肯锡人会带领着他们渡过一次又一次的难关。

让人麻痹的思维惰性

什么是思维惰性？2002年诺贝尔经济学奖得主丹尼尔·卡内曼学者给出了精辟的答案。他说，人的思维有快慢之分，大多数人拥有快的思维，所谓“一念万千”，可能一眨眼间脑中便已转过无数念头。但正因为快，所以容易出错。一些人拥有慢的思维。虽然慢，却缜密强大，毫无破绽，不易被击垮、不易被攻破。正因为慢，所以不容易出错。

丹尼尔·卡内曼学者是以色列人，他擅长研究人的各种思维和行动，经过多年的钻研，他得出了以上结论。同时，卡内曼认为，人类之所以形成了那种快的容易出错的思维，是因为思维犯了“懒病”，简称为思维惰性。当复杂的现实扑面而来的时候，人们潜意识里会很抗拒分析、思考的过程，因这一种惰性，他们会在第一时间给出一个浅显的结论。而这个结论通常是错误的。

只看表面现象、只凭第一感觉便下结论的人通常被认为是“任性、无知、目光短浅”的代表，实际上他们并不笨，他们只是懒而已。

有一位来自麦肯锡的咨询顾问受某家企业委托，为该公司的一项新产品做市场调研。在看过一些资料之后，他着手调研工作。首先，他将用户群体分为四大类，并依次为这来自不同阶层的四类用户群体画像注释，之后还安排了一些市场活动。结果他发现，新产品在这四类用户群体那里并没有得到很好的反馈。针对这个结果，他思考起了新产品的包装与定位等问题，完全没有想到，自己正越跑越偏。

问题出在他一开始对于用户的划分与画像上，而不在于产品的包装与定位。他对于目标群体的了解并不够深刻，之后的划分与画像也仅仅依靠着自己的经验和直觉，其间诸多失误。这些失误使得他并没有收到正确的用户反馈数据。

这位不成熟的麦肯锡咨询顾问之所以会犯下这样的错误，原因就在于他犯了思维惰性的错误。他从一开始的时候，就有意无意地绕过了艰难的调研阶段，一意孤行地让思维朝着自己认定的方向去展开，完全没有进行过详细的反思与取证。如果他肯下功夫好好想一想自己正在进行的方向，也许还能“及时止损”，不至于在错误的方向上越走越远。

某些时刻，思维惯性会变成思维惰性的一种形式。不管发生了什么问题，你都会用一套思维来做评断、下定义，丝毫不管你的那套惯性思维是否适合现在的情况。人们不可能用一种药治那么多种病症，你也不能用一套思维来思考所有事情。思维惰性对于人的影响十分大，一不留神，你就会中了思维惰性的“招”。小心思维惰性，小心在最简单的问题上犯错。

丹尼尔·卡内曼在思维惰性上做了诸多的研究，他曾做过一个实验来验证思维惰性的危害性。他在全美各地的学校开展了一则数学运算，问题如下：

如果一支网球拍和一个网球加起来一共需要支付 1.1 美元，网球拍比网球要贵一美元，那么一个网球需要多少钱？

毫无疑问，这个问题十分简单，很多学生看到这个问题后，立马写下了一个答案：十美分。卡内曼看到了学生们的回答后，摇摇头，说道："你们错了。"接着，他给出了正确的答案。

如果网球需要花费十美分的话，加上网球拍，你需要花 1.2 美元。所以，正确的答案是：五美分。

这道算术题很难吗？不，它很简单。只是它比一般的题目更多了一重迷惑性。如果你凭借第一直觉去解题，你只能获得一个错误的答案。相反，如果你能在写下答案之前多动动脑子，多思考思考，你就能顺利绕过陷阱，找到正确的答案。

人们在学习或者工作中，经常能够遇见一些显而易见的小陷阱，想要发现它们、绕过它们，一点都不难，但奇怪的是，人们却前赴后继地掉落陷阱中。如果你将自己完完全全地交付给直觉，你就会得到一个直觉的答案。如果你能够多花几秒钟验证一下答案的正确性，你便能成功避开思维的漏洞。

思维惰性对于每个人的人生来说，都有着极其强大的破坏力。需要明确的是，它与智商毫无关系。思维惰性并不是笨人、蠢人的专利，有的人天资不俗、聪明机智，却因为思维惰性，白白丧失了很多机会。因为他们过于自信，过于依赖经验和直觉。

卡内曼为了证明思维惰性与智商毫无关系，接连在哈佛大学、普林斯顿大学做过实验，他给那些绝顶聪明的名校大学生们出了相同的数学题，规定他们尽快给出答案，结果超过一半的人被迷惑，犯了和小学生一样的错误。

有些人正是因为太聪明了，思维转动得过快，经常还没来得及思考，大脑中就已经出现了一个"正确"的答案。而他们又不够耐心去验证这个答案。对于这样的人来说，想要摆脱思维惰性需要付出很大的努力。你要对自己有一个清醒的认识，抛弃那些自大的想法，你要尝试着改变自己的思维习惯，看待问题的角度等，没有一个漫长的过程，肯定无法成功。

有些人就是单纯的懒，懒得去思考、懒得去改变、懒得去进步。对某一套思维模式固执己见，不管遇到什么问题，都搬出这套思维去应对。老一辈的人，脑子就像锄头，多用就光亮，不用就生锈。你若不对你的“锄头”时常打蜡、保养，任凭它毫无章法地“东一榔头，西一棒槌”，它自然会慢慢生锈、腐朽。

麦肯锡公司中也会存在少数的依赖思维惰性的员工，出现了这种情况后，麦肯锡在管理人才的时候更注重培养员工突破思维定式的能力。打破思维的墙，克服懒惰，勤于思考，才能激发出令人耳目一新的创造力。麦肯锡的逻辑思考给了我们极大的启示，让我们充分认识到了思维惰性的破坏力，让我们变得更优秀、更杰出。

影响逻辑的病毒——偏见

著名的女作家简·奥斯汀著有《傲慢与偏见》一书，傲慢的男主角与带着偏见的女主角，演出了一出跌宕起伏的爱情喜剧。女主角伊丽莎白一向聪慧过人，却偏偏误解了达西先生骨子里的真诚与热情，是什么影响了她的逻辑思维判断能力？是偏见。戴着偏见的有色眼镜，聪明的伊丽莎白也变得偏激起来。

情感上的偏见，带来了视觉上的偏差，它严重地影响了人类的逻辑思维能力。

人脑的计算能力是很强大的，甚至超过了一台普通电脑。但这种强大的计算能力以及迅捷的反应能力却经常将人们带入一个个误区，之所以会产生这样的结果，原因在于大大小小的思维漏洞。认知偏见，就是其中的一种。

处于认知偏见中的人，在思维判断上会出现一些缺陷，这严重地干扰了他们认识事物、判断问题的进程，被带入错误的方向也就不足为奇了。

一个外国人对中国这样的发展中国家有着深深的偏见，乃至多次在公众场所大放厥词，直到有一次，一位来自中国的留学生勇敢地站起，将他说得哑口无言，他才意识到了自己的想法有多偏激。

中国留学生这样说道：“先生，我敢打赌您绝没有去过任何一个发展中国家，尤其是中国，您所知晓的关于中国的一切落后现象都来源于周围舆论，不实报道，或者您的臆测。我建议您去中国瞧一瞧，在您真实地接触到真正的中国之前，还是不要妄加评论为好。”

后来，这个外国人果然来到了中国，他一一游遍北上广深，时不时为眼前现代化的一幕幕惊叹、倾倒，这才明白自己当初的那些偏见之言有多愚蠢。

前两年网络上流行着一个著名的“茶叶蛋梗”，让众多网友们津津乐道。事情源于一段视频，视频中，台湾某教授信誓旦旦地向嘉宾、观众们“普及”：“对岸的大陆人，连茶叶蛋也消费不起喔……”引得众人惊叹连连。

“茶叶蛋梗”迅速地火了起来，在两岸间都掀起了巨大的话题。人们这才意识到，所谓的“一叶障目”“自以为是”究竟意味着什么。偏见不仅会蒙蔽你的双眼，更会拖累你的智商，让你变成人们眼中言行滑稽的小丑。

为什么会产生偏见？这是因为人们的认知产生了谬误。当你看待问题、认识问题的时候不以事件本身为中心，却围绕着自我直觉、印象等诸多情感因素来进行的时候，就很容易产生认知谬误。如果你看待问题不看它的本来面目，却只盯紧它若有若无的倒影，你根本无法得出正确的结论。

偏见来源于主观，你过分相信自己主观上的看法、直觉，而不参照事实依据，你便陷入了一个巨大的逻辑漏洞中。

EA 公司成立于 1982 年，它曾是世界上最大的互动娱乐软件独立开发商和发行公司，更是全球游戏迷们心中的“白月光”。然而，让人惋惜的是，EA 的发展却每况愈下，昔年挣下的“荣光”和“河山”正一寸寸地消失在激烈的竞争中，到了 2015 年，EA 公司的规模缩减到了历史最小，大量的工作组被解散，员工们纷纷作鸟兽散。

EA曾是游戏界的老大，如今却落到了如此落魄的境况，原因就在于它一直以来的“傲慢与偏见”。EA虽然靠游戏发家，骨子里却仍只将它看作赚钱的工具，而不是一种拥有巨大潜能的产业。对于游戏玩家们，EA始终带着偏见的目光，极其不重视这个庞大群体的体验和感受，为此EA甚至连续两年被玩家们评为“全美最差公司”，EA人却没有意识到自身的错误。

对于互联网，EA公司也怀着极大的偏见，甚至因此而错失时机，被暴雪等后起之秀们牢牢盖住了风头。EA公司在游戏市场的优势越来越小，这时候，高层才慌了起来，然而再怎么奋起直追也追不回当年的辉煌业绩了。

曾有来自麦肯锡的咨询顾问以EA公司的发展与衰落为例，详细分析了认知偏见的危害性。他说，商场如战场，任何一点偏见都将为自己的企业带来巨大的危机。如果不能客观认识事物，便不能准确判断形势，一旦延误“战机”，后果不堪设想。最后，他给EA提出了建议：放弃偏见，重新定位EA在行业中的位置，扬长避短，尽力弥补过往决策上的失误，逐步追上竞争对手的脚步。

心理学家将人的种种偏见按照来源和表现分为十二种：确认错误、派系偏见、赌徒谬误、购后合理化、忽略概率、观察偏差、维持现状偏见、消极偏见、从众效应、投射偏见、当前偏见、锚定效应。

分析这十二种偏见，基本上都来自主观上的情绪和片面的判断，因为环境的改变和其他种种因素的心理会产生微妙的变化，不知不觉间，亲手为自己戴上了有色眼镜，还固执地认为那才是真实的世界。

想要优化思维能力，你必须放弃你的偏见。剔除成见，是为了让你更加客观地衡量世界，不受头脑中思维漏洞的左右。除此之外，你还可以运用以下的方法来训练自己的逻辑思维。

一、面面俱到法

如果你需要购置一所新房子，你就得将所有与房子有关的因素都纳入自己的思考范围中去。你不仅得考虑房子的售价、地理位置、大小、陈设等显而易见的问题，你还得考虑一些容易被人忽视的问题。如周围邻居的身份背景，小区的物业管理、公共设施等。

同理，在你思考任何一个问题的时候，你不仅要关注大局，更要关注细节。不要遗漏或者忽视一些看起来微不足道，实际上对你的决策质量能够起到巨大影响的细节。

二、先见之明法

你要结合现实情况，对未来的发展趋势做出一定的预测（短期或者长期）。不管你想得对不对，你得培养这种习惯。日常生活中，你可以随时运用这种思维方式来帮助你做出更准确的判断和更明智的决策。

三、明确目标法

做任何事情之前，需要确定目标后再展开行动。而在行动的过程中，需要将你的目标时刻铭记在心。因为人们在解决问题的时候，注意力可能会被各种各样的事情、层出不穷的意外所吸引，如果忘记了目标，可能会在错误的道路上越走越远。若能始终铭记目标，你会将所有的心思放在解决问题的方法上，这样便能加快事情结束的进程。

总而言之，偏见影响到了人们整个逻辑思维的过程，在人们思考的过程中，它将时不时跳出来干扰人们的视线。不要迷信那深植于骨子里的根深蒂固的偏见，要想方设法将它铲除，这样你才能成为一个具有强大的、独立的逻辑思维能力的人，你才不会被蒙蔽、被欺骗。

无法理解的从众思维

法国作家古斯塔夫·勒庞的作品《乌合之众·大众心理研究》已被翻译成近二十种语言，畅销全世界。这本书以群体的一般性心理特征为考研方向，多层次地阐述了当独立的个体进入大众群体后演变成盲目轻信的“乌合之众”的可怕性，深刻批判了从众思维的荒谬性。

什么是从众思维？生活中，盲从从众思维的人思想上毫无主见，人云亦云，行动上亦是盲目追随、模仿。从众思维自古有之，延伸到现今社会，更是愈演愈烈。一窝蜂炒股、买房，一窝蜂创业，一窝蜂考公务员，便是从众思维的体现。

从众思维也是一种逻辑上的思维漏洞，它会给人们的生活带来极大的弊端，若忽视此问题，后果不堪设想。

麦肯锡团队在培养新人的时候，会鼓励他们摆脱从众思维的禁锢，勇敢地对从众思维说“不”。每当服务企业进行决策咨询的时候，麦肯锡咨询顾问必然会坚持一个原则：他们会根据不同企业的发展历程、现状，分别给出极具可行性的建议。不管之前有多少成功案例，麦肯锡人却从不肯拿同一套理论、观点去面对寻求咨询服务的公司。

他们会从头开始，一点点建立起新的思维、方向，再来做出具体的建议。之所以这样做，就是为了规避“从众思维”。

纵观麦肯锡公司九十年的发展史，他们始终坚持自己的理念，从不盲目追随大众的脚步。1926年，James Mckinsey建立了麦肯锡咨询公司，从一开始就决定了麦肯锡独立性的基调。1933年，马文·鲍尔加入麦肯锡公司，一路做到董事总经理，他提出，公司的每一位顾问都有义务坚持自己认为正确的观点，哪怕它是与大众立场相冲突。鲍尔在1979年的著作《麦肯锡视角》中，尤其强调了这一点。

在同时代的大公司纷纷投身于地域化办公室的热浪的时候，麦肯锡管理层却放弃了这一想法，麦肯锡人一致决定，将打造一个共享资源与任务的单一公司。时间验证了此决策的正确性，1951—1960年，麦肯锡开创了全球扩张的旅程。今天，麦肯锡咨询公司已经成为同行业中的“龙头老大”，它在全国四十多个国家和地区开设了八十多家分公司或办事处，地位极其崇高。

宠物界也有着典型的“从众思维”案例，我们可以来具体分析一下。对于旅鼠这种居住在北极的小型哺乳动物来说，它们的经历尤其值得人们深思。

旅鼠被爱斯基摩人称为“来自天空的动物”，被纳维亚的农民称为“天鼠”。这是因为在特定的年头里，旅鼠的繁殖能力突然大增，达到了令人惊悚的程度。它们批量生产后代，使得大量旅鼠突然出现在这个世界上，好似从天而降一般。

但在这北欧寒冷之地，食物本来就有限，不计其数的旅鼠们几天内就会吃尽一个区域内的食物资源。为了生计，这些旅鼠开始成群结队地向别的地方迁移，这就是旅鼠名字的由来。

在“旅行”的过程中，旅鼠们大片大片地聚集在一起，集体前进或后退。没有一只旅鼠会掉队，它们紧紧地跟着队伍，井然有序地保持着队形。在这个过程中，旅鼠们都将独立思考的能力抛在了脑后，甚至闭上了眼睛，不顾一切闷头前冲，哪怕前方是水坑、是断崖。每隔三四年就能看到旅鼠们自杀式跳海的壮阔景象，只见它们前赴后继地冲下悬崖，跳入大海，毫不犹豫。

这都是从众心理在作祟。不管是动物还是人，一旦盲目追随大众，极有可能会面临某些不可挽回的境遇。若想旅鼠的悲剧不再发生，就得抛弃那一套“随大溜”的想法，尽量做到独立思考，既要考虑现实情况，又要结合未来前景，将一切分析透彻了再去付诸行动。

相信没有人想成为一只小旅鼠，人人都想做自己命运的主宰。想要成为强者，第一步就得与“从众思维”划清界限。你与大众站在同一阵营，可能是为了某种虚荣心，可能是为了某种安全感。这种虚荣心和安全感却是最要命的，它会渐渐麻痹你的思维，让你变成一个不会思考的木头人。

有着“从众心理”的个人无法轻易在社会上站稳脚跟，一味跟风无丝毫自己特色的企业会在残酷的竞争中被无情地淘汰。

拿投资领域为例，刚入行的投资者们因为没有经验，心智很不坚定，为了消除内心的恐惧与不安定感，他们会一窝蜂地追随在业内绝大部分投资者的身后，寻求某种庇护。这与跳海自杀的旅鼠毫无区别，只为求得心理安慰罢了。

不可否认的是，人是社会性动物，当个体生活在社会群体中的时候，内心存在着两类执着愿景：一类是确保自己的观点、意见的正确性；另一类是以不辜负他人期望来获取别人的信任和好感。

根据这两类愿景，来分析一下“从众心理”产生的原因：因信息引起的从众现象和因遵从规范而引起的从众现象。前者指的是在一个需要做出选择的境况里，思维无法判断出正确的形式，因此会不自觉地以他人的行为来作为信息的来源，紧紧追随在他人身后。后者指的是当个人希望被他人、群体接纳、喜爱并认可的时候，会有意无意地遵从群体中约定俗成的规范，这也会引发严重的从众心理。

无论是哪种原因引起的“从众心理”，人们正在丧失的，是独立思考的能力。你会依照着别人的经验、指导来生活、来工作、来解决前进道路中的大大小小的难题。你的一言一行、一举一动都追随在他人身后，毫无主见，也不习惯去反抗，久而久之，甚至失去了自己的逻辑思维，成为一个只会唯诺点头的应声虫。这绝不是危言耸听，瞧瞧多少逆来顺受的年轻人，正深受其苦。

草原上的牧民在放羊的时候，只要领着头羊就能操控住成百上千的羊，想将它们赶去哪里都行。不想做跟在头羊身后的羊，就得将骨子里随波逐流、人云亦云的性格剔除干净。每个人都有一个大脑，何必让别人代替自己思考。记住，要做就做特立独行的自己，别做乌合之众的一分子。

全面了解思考过程的逻辑漏洞

很多人意识不到逻辑漏洞的存在，因为人们在思考的过程中，往往太执着于事情的真相，却忘了去检查自己是否犯了方向性的错误，更忘了去规避这一路上的大大小小的坑和陷阱。

如果将思考的过程比喻成行路，你若是犯了方向性的错误，等于在一开始就钻进了一个死胡同，你越是努力就越是背道而驰；若是忽略了这些逻辑漏洞，你随时会被带离正确的轨道。

这些逻辑漏洞像极了路上的陷阱，也像极了顽石与荆棘，其存在的最大意义只为阻碍你的脚步，扰乱你的视线，诱使你做出错误的决定。麦肯锡逻辑思考课程正是在教你如何思考，如何规避漏洞，如何靠近目标，掌握它的基本理论，你会发现一条完整的、正确的道路正在你面前徐徐展开。

前文所说的认知偏见、从众思维、迷信自我、诉诸专家等都是逻辑漏洞中的一种，下面来全面了解一下思考过程中的逻辑漏洞。如果它是荆棘，就果断地砍掉它；如果它是石头，就努力去搬走它；如果它是陷阱，就聪明地绕开它。当你尝试着去打败逻辑漏洞时，终有一日，它们的存在不再是干扰你前行的阻碍，反而会启发你以最快的时间找到最正确的方向。

有些思维逻辑上的漏洞出现的频率可能不是那么高，但亦可着重去加深对它们的理解，比如说逻辑关系混乱和主观意识偏差。前者指的是原本应该是顺次、并列、平行、对立等逻辑关系中产生了跳跃、断层的现象，经常会出现在说话中。若一个人说话“颠三倒四”，便是犯了逻辑关系混乱的错误。

后者指的是以主观的感受、判断、情感来付诸客观的事务上，使人们产生认识上的谬误和偏差。首先来分析一下逻辑关系混乱的几种表现：循环论证、无逻辑简化、错用因果、错用明证。

一、循环论证

什么是“循环论证”呢？若让命题甲成为命题乙的条件，又让命题乙成为命题甲的条件，两者相互论证，便是“循环论证”最典型的形式。“循环论证”表面上看起来环环相扣，无懈可击，实际上却是在原地打转，毫无意义。

想要解决“循环论证”，不妨将命题甲、乙的两个论证前后相连地呈现在一起，便能让人轻易窥破其循环性。

二、无逻辑简化

有时候，人们在思考一个庞大的问题的时候，会想着将它分解成一个个小问题，来帮助自己理清思路。这样做容易犯“无逻辑简化”的谬误。

你要看清楚这个大问题是否能够分割成一个个小问题，如果你不顾它的整体性，一味将其分解思考的话，可能会扰乱其中的逻辑。这种逻辑谬误不能犯。人的身体由各种化学元素组成，这个事实毋庸置疑，但若一口咬定人的身体等同于一堆化学元素，这便大错特错了。

三、错用因果

当人们在判断事情因果的时候采取的是一种错误的评断标准，便会犯下“错用因果”的逻辑漏洞。例如，事件甲在事件乙之后发生，你若据此以为事件甲、乙是因果关系，便产生了逻辑漏洞。有时候，两件接连发生的事情其实并没有因果关系，只要看清了这里面的逻辑，你就能规避这种错误。

四、错用明证

也许我们找不到事实来推翻某个逻辑，指不出这个逻辑错误的地方，我们便逐渐相信了它的真实性。但找不出强有力的佐证来推翻它，并不能代表它就是真的。你若说宇宙中除了地球以外，还有别的具有生命特征的星球，那确实找不到证据来推翻这个观点，但这并不代表这个观点一定是正确的。这便是“错用明证”的逻辑谬误的典型案例。

主观意识偏差主要表现在四个方面。

一、因人废事

古人说：“勿因人废事，因人废论，因人废行。”意思是说，不要因为他人的缘故不做事情，不发表言论，并严厉约束自己的行为。做任何事情，都要关注事物的实质，认清它的精髓，不要让个人的喜好影响自己的判断力。

比尔的公司就一个新兴项目举办了一场招标会，邀请了三家企业。有一家企业的负责人与比尔产生了强烈的冲突，比尔偷偷给这家企业打了个最低分，尽管这家企业的综合实力最强，投标方案也最出色。这无疑是“因人废事”逻辑漏洞的典型案例。

想要避免这种逻辑漏洞，就要一遍遍梳理自己的逻辑关系，审视自己是否公平公正。

二、稻草人谬误

田间地头的稻草人只能吓吓鸟儿，脆弱而又容易被攻击。现实生活中，个人的思维逻辑总是容易受到质疑和挑战，为了捍卫自己逻辑的正确性，我们会针对反对者提出反击，但这种反击显得并不是那么有力量。你为了削弱反对者的论点的力度，故意歪曲他论证的过程，这便犯了稻草人谬误。

美国逻辑学教授丹尼斯·麦克伦尼在他的著作《简单的逻辑学》中说“稻草人谬误”并不是无心之过，它是一种主观上的故意。当你陷入“稻草人谬误”的逻辑漏洞中的时候，其实是因为你不能接受自身的逻辑被质疑、被挑战，不愿意承认自己的错误。

三、情感误导

逻辑思维上还存在着一种被称为“情感误导”的逻辑漏洞。人们之所以会犯这样的逻辑漏洞，还是因为内心不够客观。当我们选择性地忽略或者接受一些信息的时候，自然会变得越来越盲目，越来越偏激，你的思维也会因此而大受影响。

有一个人正在写一本介绍家乡历史地理、风俗人情的书，他在收集资料的过程中发现，家乡有不少负面新闻报道。出于对家乡的热爱，他在具体的写作过程中，有意识地剔除了那些负面信息，只留下了一些“伟光正”的新闻。这个人实际上就犯了“情感误导”的谬误。

四、功利误导

有些人在思考的过程中容易犯“功利误导”的谬误，他思考的点很片面、单薄，他的目标也很单一，丝毫不考虑其他后果。有的人为了成功无所不用其极，他们只在乎结果，却从不为过程和方法而操心。对于他们而言，成功就够了，至于是怎样成功的，并不重要。

麦肯锡公司堪称世界上最著名、最成功的战略咨询公司，它是真正的全球性的大公司。近百年来，麦肯锡人在为客户解决商业问题的过程中，针对各种逻辑思维的漏洞总结出了一整套高效的思维方法。通过这些独特的思维方法，麦肯锡人满怀信心和希望，成功地解决了一个个重大商业问题。

日本麦肯锡的某位咨询顾问以多年的实践经验写就《聪明人用方格笔记本》一书，以各种不同的笔记本来代表各种不同的思维。在书中，他说：“好笔记总是逻辑清晰、图表丰富、井井有条、让人一目了然的，这便相当于好思维，清晰缜密、充满智慧；坏笔记脏乱、没有条理、照搬经验、缺乏重点，就这好比坏思维，充满了各种各样的思维漏洞和缺憾，能够被人一举击溃。”

想要优化思维，就要全面了解并找出各种思维漏洞的特征，认清思维漏洞的危害，采取各种方法绕过思维的漏洞，一步步完善逻辑。麦肯锡的咨询顾问在思考的时候都会使用“空雨伞”这个思维框架，严格按照这三步来进行。依据“空雨伞”思维框架的要求，他们遇到任何问题，都会将其简化，然后找出最直接的解决方法，避免陷入思维漏洞，将时间浪费在无休无止的兜圈上。

全面了解思考过程中的思维漏洞，能够帮助你进一步优化思维、提升自我。希望你可以认真了解、学习麦肯锡人的思考方法，并将其运用到生活、工作中去，让自己的职业生涯更添辉煌。

附录 麦肯锡的员工培训体系

学会构建思考框架

对于每一位商业从业者而言，思考并不是个陌生的词汇。问题在于，该怎样进行高质量的思考，从而让自己超越竞争对手。麦肯锡的研究人员使用“思维框架”来辅助思考，这对我们也有不小的启迪作用。

思维过程中，矩阵的应用起到不小的作用。把同一件事务用一个划分标准分为 A 和 B，而以另一个标准分为 X 和 Y，将它们统一在同个矩阵里，我们就能得出 AX、BX、AY、BY 四类组合。矩阵的作用在于帮助人从不同的角度思考，扫除思维当中的“盲点”。

如同本书提到过的，依据事务重要性的维度分为“重要的”和“不重要的”，再根据紧急性的维度把其划分成“紧急的”和“不紧急的”，从而得出了四个象限。这就是“矩阵法”的一个很典型的运用。

另外，有一个著名的矩阵，把事务按照“收益”的大小和“半衰期”的长短两个角度进行评估。“收益”的维度，顾名思义就是做某件事取得收益的多少，既可以是物质层面的，也可以是心理情感方面的。“半衰期”则侧重时间的衰减，“半衰期”是比较长的事件，起到的影响力必然更加持久。

根据以上的解释，很容易发现收益高、半衰期长的事务价值最高。然而现实不可能尽如人意，多数情况下，我们需要取舍。粗略而言，我们应该把更多精力投入在“半衰期”比较长的任务上，随着时间的推移，它们将会给我们带来额外的收益。与此相比，眼下绝对收益值的多少就显得次要了。

举一个简单的例子。下班后加班，会有当下加班费的收益，但这件事的“半衰期”很短；而利用下班时间阅读或是参加培训，我们并不能获得即时的当下收益，但它们的“半衰期”很长，长期收益很高。

此外还有许多为我们带来不少启迪的矩阵，例如，著名的“乔哈里窗格”。乔哈里把事务分成“我知道”“我不知道”“别人知道”和“别人不知道”四个象限，然后组合成“公开区”“未知区”“隐秘区”及“盲区”四大类别。

依照这个矩阵带给我们的启迪，为了让沟通更加省时高效，我们应当缩减在“公开区”花费的时间，而将更多的时间投注于“未知区”和“隐秘区”，让更多事务从“未知区”和“隐秘区”向“公开区”转化。和别人交流，我们应当将更多精力投入“盲区”，把握机会实现认知升级；进行公开写作时，可以着重关注“隐秘区”，通过付诸笔端的形式把自己知道但别人不知道的内容尽情表达，从而给读者意想不到的收获。

将以上的“简单矩阵”加以扩充，就能够得到“复杂矩阵”。例如，当你想要开办一家酒厂，有几个备选方案。这时就可以从价格、人流量、地段等多个维度对你的备选方案加以比较和权衡。

“复杂矩阵”的一个很大的好处是可以把繁杂的事情分解成许多单一的层面进行思考，从而各个突破，避免了面对一个大而无当的问题而无从下手的窘境。“复杂矩阵”也有一个缺点：无法考虑分解的各个角度的权重。

对开办饭店而言，它的环境的重要性倒还在其次，但饭店的客流量和价格就重要得多。在利用矩阵加以比较的时候，应当给每个参数都设置加权系数，按照加权总分进行选择，如此就合理得多。

关于改善产品的质量，可以套用到“PDCA 循环”框架。“PDCA 循环”最初是由美国学者爱德华兹提出，通常将其用以提高产品的品质，以及改善产品的生产过程。“PDCA”四个字母各有其含义。其中 P 代表 Plan，意即“计划”；D 代表 Do，意即“执行”，并在执行计划的过程中收集信息；C 代表 Check，意即研究执行过程中收集到的信息，和之前的规划和预期进行比较，并提出修改方案，也包括执行后的调试，这一步骤使得计划的可执行性提高；A 代表 Act，即根据 Check 的结果进行调整，有时候也用 Adjust 来解释这个 A，更明确地表现出这个步骤的“改善”之意。

“PDCA 循环”不仅能够用在企业的产品质量的改善方面，也可用在商业人士个人能力的提升上。我们所说的“认知迭代”，就需要首先通过一定的学习而对某件事情产生基本概念，这就是 Plan；然后将学习到的概念在实践中加以应用，意即 Do，也就是学习之后的“践行”；之后是对践行的反馈结果进行检查和反思，这一步属于 Check，想要快速完成“认知迭代”，最好的办法就是争取做到在每个任务完成之后都能有所收获，Check 这个环节能够让我们总结出践行中好的方面以后进一步加强，践行的坏的方面就需要在下一次中改进；Act 就是把总结之后的结论在实际中进一步践行。通过这样不断地实施“PDCA 循环”，个人认知水平和工作能力也将不断地升级。

“SWOT 分析”是阿尔伯特提出来的一个思维框架，它属于一种强弱危机分析，是企业竞争态势分析的方法，还是市场营销的基础分析法之一。“SWOT 分析”的特点是，通过“优劣”以及“内外”两个维度创造出一个矩阵，在优势（Strengths）、劣势（Weaknesses）、市场当中的机会（Opportunities）以及威胁（Threats）四个维度，对企业进行全面深入的分析和定位。

这一思维框架同样可以拿来用在个人身上。工作闲暇时抽空思考一下，个人的优势是什么，该怎样充分利用自己的优势；有什么劣势，能够采取何种办法克服，如果实在难以克服，是否能够采取一定的方法转移或者弥补；外界是否有机会，自己是否能够借势利用；或者周围环境是否产生了一些变化，有待自己采取行动，否则自己将在竞争的压力下处于不利地位。

仔细反思一下，你就很容易发现，很多时候人对自己的优势所在还算有把握，对劣势却不一定明了，或者是即便知道，也没有真正思考过劣势带来什么影响，更遑论解决方案了。人们总是一有机会就跃跃欲试，但总是对外界的变化带来的威胁视而不见。经常思考一下未来可能发生的事情，以及那些事可能会引起的改变，这样才能让你有备无患。

提高工作效率的十六个技巧

对于商业人士而言，每天的忙碌已经属于常态。一天、一周、一月就这样悄然逝去……“忙碌”是你挂在嘴边的词汇，但是回想具体明确的已经完成的事却寥寥无几，和你花费在工作上的时间似乎不成正比。这种意义上的“忙”经常让你感觉身心疲惫、一无所获，甚至磨灭掉当初的激情。麦肯锡的咨询人员告诉大家，你不是工作不“努力”，而是缺乏提高工作效率的正确方法，不自觉地浪费了生命。

每个人都在追寻高效率工作的方法。麦肯锡团队提供了十六条方法供大家参考：

成为积极的人，从拒绝赖床开始。早上一旦醒来，就要尽快起床。赖床的习惯最容易使人滋长“惰性”。与之相反，干净利落、毫不犹豫地起床也能在潜移默化中培养你积极、果断的行事风格。现实中，可以每天给自己设定两个闹铃，前后相差几分钟（不宜过长）。无论有多早，当第一声闹铃响起，就要告诉自己该起床了。让身体在这段时间渐渐舒缓，做好起床准备；当第二声闹铃响起就立马起床。

对自己的形象加以认可。起床后，认真而迅速地整理、洗漱。在镜子面前把自己的形象整理到满意为止。对镜子中的自己说："你是最棒的！"直到你的心里也是这样认为的。

制订切合实际的工作计划。每天都需要为自己制订工作计划。在工作开始之前做一个工作列表，把每日需要做的具体事宜按照轻重缓急加以排列。性质相似的工作最好排在一起，方便思考。先完成紧急的、重要的事项，把简单、缓慢的工作留到最后。只有事先制订每日的工作计划，行动的时候才有方向，不至于走冤枉路。缺乏正确的方向，再努力也是枉然。

工作的过程中集中精力。所谓的集中精力，是指全身心地投入，避免一切分心的可能。要想在工作中省时又高效，就要学会善于集中精力做一件事，而且把它做到最好。工作中切忌三心二意，这不仅很难回到工作状态，效率低下也会让人对你的工作能力产生质疑。

善于拒绝会影响到工作的各种邀请、求助。当你正在全心工作的时候，小心来自身边的"不速之客"。例如，同事拿着一份资料过来找你，说"我有事出去一趟，请帮我印二十份资料交给经理"；一个周日，你刚打开电脑要为明天的工作做一些准备，这时候你朋友来找你："别忙了，跟我一起去酒吧放松一下。"你是否要答应他们的请求？要知道，如果计划无法完成，承担后果的只有你自己。

学会简化工作。把简单的东西复杂化是生活中常见的事，因此将复杂的东西简单化就是一种能力。也许你的案头有着堆积如山的工作，你没必要拿在手里就立刻开始"埋头苦干"。首要的任务应当是将工作简化，当你面前的大山被简化为一个个小土堆，你是不是一下子豁然开朗？简化工作方能事半功倍。

经常充电。工作，是一项长久的输出过程。这样的输出久了，如果长久没有相应的输入，总有一天会感到力不从心。因此在工作之余要多学习知识，尤其是专业知识。只有在平常就勤奋地更新知识、不断学习，才能更有效地应对日新月异的职场变化，处理高难度的工作难题，才能比别人成长得更为迅速，才能做到比别人处理问题更灵活、更有效率。

加强时间观念。无论你是富翁还是乞丐，时间过去就不再来了。对职场人士而言，时间是最宝贵的资源。无论企业的财富利润有多少，时间无法消费也不能买卖。这要求你工作时一定要有时间意识，树立消耗时间就是虚度光阴的意识。没有人会赏识不珍惜自己工作的八小时的人。只要保证上班时的每一分钟都用在了该付出的地方，你的工作效率一定不会太差。

工作时要有紧迫感。工作过程中就应当全身心投入，娱乐时就彻底放开自己。对商业从业者而言，工作时更要有紧迫感、危机感。工作时拒绝怠慢的心理，那种优哉游哉的心境适合逛商场，而不是拼职场。别人一小时能够完成的工作，为什么你要忙碌到下班？所以工作时一定要有紧迫感，面对每一项工作都要有紧迫意识，不断督促自己。

学会使用辅助工具。工作时要善于用脑，多为自己找捷径。不妨多掌握一些辅助办公软件的使用方法，熟练使用电脑、手机等电子产品。简单的电脑办公软件可以帮助你编辑文件、分析统计数据等，不仅让你提升效率，还能减少出错率。即使是小小的"便笺"功能也能给你不少帮助。

在了解的前提下，利用身边的资源。如果你对公司每个部门的职责、权限等有足够的了解，并能跟相关人员进行有效沟通，那么很多事务就能事半功倍地完成。做好部门沟通也是提高工作效率的重要因素之一。比如，领导要求你立刻去市场部找某客户的资料。你很着急，但是平时没有跟市场部的同事往来，临时到市场部询问，一个推一个，花费许多时间才得出"这部分的负责人刚刚外出"的答案。如果提前花些时间了解客户资料是由谁来负责，这个问题远远不需要这么麻烦。

劳逸结合。人毕竟不是机器，不能一味埋头工作。人的体能和精力是有限的，大脑是需要休息的，超负荷的工作从长远来看不能让人们完成更多工作，只能降低工作效率。在身心俱疲的状态下适当放松，工作间隙起身活动、喝杯水、听听音乐都可以让身心放松下来，甚至可以在员工休息室来一杯咖啡。工作时要为自己保留弹性工作时间。

保持健康的体魄。身体健康是全身心地投入工作的前提，拥有健康体魄的人才有精力应对工作的种种困难。无论你每周工作四十小时还是五十小时，一定要抽时间锻炼身体。你可以选择清晨起来慢跑半小时，或者徒步上下班，或者在周末踢球、游泳等，无论何种锻炼方法，最重要的是坚持不懈。健康的体魄是工作前进的动力。

保持充足的睡眠。当你保证了充足的睡眠，不仅能使当天消耗的体力得到迅速恢复，还能为第二天的工作提供充沛的精力。睡眠在人的生活中占据了相当重要的地位，绝不可以应付了事。只有身体、大脑得到充分的休息和放松，才有旺盛的精力投入到工作中，提高工作效率才成为可能。

要有积极的心态。无论你从事哪个行业何种工作，心态都同样重要。当你陷入了繁重的工作压力，消极的心态就在不知不觉中把你带入误区。心态在很大程度上决定了你做事的成败。所以无论遇到多么复杂的工作都不要消极，要积极寻找突破口，使得自己在繁重的工作中开辟一条捷径。以积极的心态去处理工作，许多困难都可以迎刃而解。

保持良好的生活习惯。平时就为自己营造一个良好的生活环境并且一直保持。由于成长背景不同，每个人的生活习惯都不一样。做事邋遢的人总是难免把不良习惯带到工作中；做事干净利落的人在工作时也会有所体现。如果你不知道从何改变自己，先从把办公桌上该扔进垃圾桶的废纸条扔进垃圾桶开始吧！

麦肯锡团队的“头脑风暴”

关于“头脑风暴”一词的由来，作为最早的一个术语，它出现在心理学的论著中，如今转而成为不受拘泥的自由联想和讨论。“头脑风暴”出现的目的在于产生新的观念或者激发创新的联想。特别是在群体的决策中，由于群体成员相互之间心理作用和影响，容易对权威人物或者大多数人的意见产生屈从，形成机械固化的所谓的“群体思维”。为了保证群体决策的创造性，麦肯锡团队采用了一系列改善群体决策质量的方法，头脑风暴则是其中之一。

麦肯锡团队在采用“头脑风暴”法组织群体决策时，首先集中专家组召开专题会议，会议的主持者以明确方式向在座所有参与者阐明问题，讲明规则，营造出融洽轻松的会议气氛。主持者一般不发表意见，以免影响“头脑风暴”会议的自由氛围。由在座的团队成员“自由”提出尽可能多的方案和策略。

要想和麦肯锡团队一样用好“头脑风暴”法，首先应当对“头脑风暴”的激发机理有所了解：

其一是联想反应。联想是产生新观念的一个重要过程。在集体讨论的进程中，团队成员每提出一个新的观念，都能引发他人的一系列联想，进而产生一连串新观念，在连锁反应下，形成“新观念堆”，这就为创造性地解决问题提供了更多的可能。

其二是热情感染。“头脑风暴”的氛围如果足够轻松，集体讨论问题更能激发人的热情。在自由发言的背景下，人的观点就可以互相影响和感染，能形成热潮，帮助个人突破固有观念的束缚，从而最大限度地发挥创造性思维能力。

其三是竞争意识。在竞争意识的激发下，人们更容易调动大脑思索，不断地开动思维机器，力求把独到见解和新奇观念在会议上分享。

其四是个人欲望。“头脑风暴”法有一条原则“不得批评仓促的发言”，严格来说，任何怀疑的表情、动作、神色都是不被允许的。如此能使每个人畅所欲言，提出大量的新观念。

“头脑风暴”法并非一次性的应用方法，而是一个可以循环的过程。从长远来看是有许多好处的。例如，把“头脑风暴”法运用到项目决策中，会有非常大的作用。“头脑风暴”法可以保证参与者的创造性，提高决策质量，是在项目决策的过程中非常有效的方法。

在麦肯锡团队使用“头脑风暴”法的过程中，有以下几个注意事项：

其一是在明确问题的阶段。主持人需要扼要地介绍有待解决的问题。介绍的过程中须力求话语简洁、明确，不可为了表达的准确性而过分周全。不然，主持人话语中过多的信息会限制人的思维，干扰人们进行创新时的想象力。在团队成员经过一段时间的讨论后，每个人对问题已经具备了较深程度的理解。在这个时候，为使团队的参与者对问题的表述能转换到新角度、新思维，主持人要及时记录大家的发言，并对团队成员的发言进行整理。通过对记录的整理和归纳，找出其中富有创意的见解以及具有启发性的表述，为团队成员进行下一步畅谈时做参考。

其二发生在畅谈阶段。这是“头脑风暴”法集中出现创意的阶段。为了让参与者能够畅所欲言，每个人需要遵循以下规则：第一，不得私下交谈，以免自己或他人注意力被分散。第二，他人发言期间不得妨碍，也不能对他人发言进行评论，每人只谈自己的想法。第三，轮到自己发表见解时，要简单明了，一次发言只谈一种见解，不及其余。主持人要向在座的人宣布这些规则，随后引导参与者自由发言、自由想象、自由发挥，在思想的碰撞中相互启发和补充，把所有想法都表达出来。

其三要注意筛选阶段。“头脑风暴”会议结束后的一两天内，主持人须向参与者们了解各自会后是否有新想法和新思路，以此补充会议记录的内容。然后将团队的想法整理成若干方案，再按照可识别性、创新性、可实施性等标准进行筛选。需要经过多次反复的比较，优中择优，最终确定一至三个最佳方案。这时得出的最佳方案往往是多种创意的优势组合，是集体智慧的结晶。

由上文可知，“头脑风暴”中一个最为重要的角色就是主持人，可以说主持人的表现是一场“头脑风暴”成败的关键。“头脑风暴”法的主持人的选择方面，最好由对决策问题背景比较了解，并熟悉“头脑风暴”法的具体程序和处理方法的人来担任。“头脑风暴”主持者的发言十分重要，应当能激起参与者的思维“灵感”，令参与者想要积极回答会议提出的问题。一般而言，在“头脑风暴”进行之初，主持者需要善于使用询问的方式，激起参加者踊跃发言。主持者“自我展现”的机会也只局限于会议开始之时，一旦充分利用这个时间，参加者的积极性被调动起来，那么新的设想也将源源不断地涌现。到了这个时候，主持者只需要根据前文所述“头脑风暴”的原则进行适当的引导即可。主持人需要明白的是，会议上的发言量越大，意见越是多样化，讨论的问题越广越深，这场“头脑风暴”出现有价值的设想的概率就越大。

一次成功的“头脑风暴”除了在活动流程上有着一定的要求，更为关键是探讨方式——参与者心态上的转变，即充分的、非评价性的、无偏见的交流。因此，“头脑风暴”必须是一场自由畅谈的活动，参与者们不能受到任何条条框框的束缚和限制；坚持在会议的现场不对任何设想做出评价；会场中禁止批评，以免破坏参与的气氛，影响参与者自由畅想，追求点子的数量，会上产生的新设想越多，出现创造性的“灵光一闪”的机会就越多。